SCHÄFFER
POESCHEL **myBook**

Ihr Online-Material zum Buch

Für den praktischen Einsatz finden Sie als kostenloses Zusatzmaterial im Online-Bereich

- Mustervorlage Karrieremodell in Excel (Abbildung 23)
- Mustervorlage Rollenbeschreibung
- Beispiel für die Einschätzung der Kompetenzen
- Beispiel für die Auswertung der Kompetenzen
- Beispiel für einen Mitarbeitergesprächsbogen

So funktioniert Ihr Zugang

1. Gehen Sie auf das Portal sp-mybook.de und geben den Buchcode ein, um auf die Internetseite zum Buch zu gelangen.
2. Oder scannen Sie den QR-Code mit Ihrem Smartphone oder Tablet, um direkt auf die Startseite zu kommen.

Den Link sowie Ihren Zugangscode finden Sie am Buchende.

Karrieremodelle in Unternehmen

Elif Tunc

Karrieremodelle in Unternehmen

Passgenaue Konzepte für die Personalentwicklung entwerfen und einsetzen

1. Auflage

Schäffer-Poeschel Verlag Stuttgart

Bibliografische Information der Deutschen Nationalbibliothek

Die Deutsche Nationalbibliothek verzeichnet diese Publikation in der Deutschen Nationalbibliografie; detaillierte bibliografische Daten sind im Internet über http://dnb.dnb.de/ abrufbar.

Print: ISBN 978-3-7910-5636-4 Bestell-Nr. 14162-0001
ePub: ISBN 978-3-7910-5637-1 Bestell-Nr. 14162-0100
ePDF: ISBN 978-3-7910-5640-1 Bestell-Nr. 14162-0150

Elif Tunc
Karrieremodelle in Unternehmen
1. Auflage, August 2022

www.schaeffer-poeschel.de
service@schaeffer-poeschel.de

Bildnachweis (Cover): © jirsak, Adobe Stock

Produktmanagement: Dr. Frank Baumgärtner
Lektorat: Dr. Angelika Schulz, D.A.S.-Büro, Zülpich

Schäffer-Poeschel Verlag Stuttgart
Ein Unternehmen der Haufe Group SE

Vorwort

Die reinste Form des Wahnsinns ist es, alles beim Alten zu belassen und zu hoffen, dass sich etwas ändert. (Albert Einstein)

Ein Fachbuch über Karrieremodelle zu schreiben, halte ich persönlich für gewagt, aber auch mutig. Gewagt, da man sehr viel in dieses Thema hinein interpretieren kann und es sicherlich sehr viel Fläche für Angriffe gibt. Mutig, da dieses Thema auf der einen Seite sehr komplex ist und auf der anderen Seite zwar immer wieder in Erscheinung tritt, es aber noch sehr intransparent ist. Mein Antrieb lag aber genau darin, mehr Transparenz in dieses Thema zu bringen und so die Komplexität zu entfernen.

Es ist faszinierend zu beobachten, dass ein Karrieremodell eigentlich eines der zentralsten Themen in Unternehmen ist und dennoch so wenig Aufmerksamkeit genießt. Durch ein optimal gestaltetes Karrieremodell kann man nicht nur seine eigenen Mitarbeiter weiterentwickeln und optimal im Unternehmen einsetzen, man ist auch in der Lage, neue Mitarbeiter effektiver auszuwählen. Bisher habe ich in meinem gesamten Arbeitsleben kein Karrieremodell kennengelernt, das aktiv gelebt und von allen im Unternehmen verstanden wurde.

Ich habe es gewagt und mich diesem komplexen Konstrukt gestellt, weil ich endlich allen Unternehmen da draußen einen Leitfaden an die Hand geben wollte. Dieses Fachbuch wird es jedem Leser ermöglichen, ein passgenaues Konzept für die Personalentwicklung zu entwerfen und einzusetzen.

Ich wünsche Ihnen viel Spaß beim Lesen und einen guten Erfolg bei der Anwendung. Bitte beachten Sie, dass ich aus Gründen der Lesbarkeit die männliche Textform gewählt habe. Sämtliche Personenbezeichnungen gelten gleichermaßen für alle Geschlechter.

Ich danke allen, die mir in diesem Projekt beigestanden haben, mich kritisiert und dabei niemals den Glauben an mich verloren haben.

Elif Tunc

Inhaltsverzeichnis

1 Einleitung

»Bei uns wurde ein neues Karrieremodell eingeführt«, erzählt mir meine Freundin ganz aufgeregt. »Und wie sieht dieses aus? Was bedeutet das für euch als Mitarbeiter?«, frage ich sie. Ihre Antwort überrascht mich nicht: »Das weiß ich auch nicht so genau, es gab zwar eine Infoveranstaltung, aber verstanden hat das wohl kaum einer. Wir werden jetzt in neue Levels eingeteilt und dann gibt es neue Mitarbeitergesprächsbögen. Mir selbst bringt das nicht viel, glaube ich zumindest«. Diese Art der Unterhaltung hatte ich schon oft. Ich selbst habe die Karrieremodelle und die Intention dahinter auch nicht immer ganz verstanden, obwohl ich selbst in der Personalabteilung tätig bin.

Seit 15 Jahren bin ich im Bereich der Rekrutierung von Fach- und Führungskräften in unterschiedlichen Unternehmen tätig. Meine Aufgabe ist es, die vielen offenen Stellen in Unternehmen mit geeigneten Kandidaten zu besetzen und mir immer wieder Gedanken darüber zu machen, wie und wo ich genau diese passenden Kandidaten finden kann. Eine große Hilfe bei der Personalsuche ist die Personalentwicklung. Hier werden alle Themen rund um die Weiterbildung der eigenen Mitarbeiter gesammelt und vor allem entwickelt. Man muss keine Statistiken lesen, um eines ganz sicher benennen zu können: Die Weiterbildungsmöglichkeiten für neue bzw. vorhandene Mitarbeiter steuern einen ganz großen Anteil zur Zufriedenheit bei.

Die Personalentwicklung ist also ein starker Benefit für uns Recruiter, um damit bei den Kandidaten Werbung zu machen. Funktioniert jedoch in einem Unternehmen die Personalentwicklung nicht wie angepriesen, sorgt dies schnell dafür, dass die neu gewonnenen Mitarbeiter wieder kündigen. Für einen Recruiter ist es daher unerträglich, wenn diese mit viel Mühen gewonnenen Kandidaten wieder abspringen und wir mit der Fluktuation zu kämpfen haben. Die Kündigungsgründe der Mitarbeiter mögen zwar immer wieder unterschiedlich sein, sehr oft werden aber die unzureichenden Weiterbildungsmöglichkeiten erwähnt. Was jedoch bedeutet das konkret? Fragt man intensiver bei diesen Mitarbeitern nach, kristallisiert sich ein eindeutiges Bild heraus: keine eindeutige Vision des Unternehmens, kein positiver Ausblick der eigenen beruflichen Weiterentwicklung.

Bei einer Unternehmensgröße ab 200 Mitarbeitern sollte man bereits Personalentwicklungselemente installiert haben, um eine bessere Möglichkeit zu haben, neue Mitarbeiter zu gewinnen und die bestehenden Mitarbeiter an das Unternehmen zu binden. Zu viele mittelständische Unternehmen jedoch sind auf ihre Produkte und Dienstleistungen fokussiert und legen nicht sehr viel Wert auf das wirkliche wichtige Gut im Unternehmen: die Menschen und die sozialen Interaktionen. Sie erkennen daher auch nicht, dass die meisten Probleme in den Teams nicht fachlich, sondern soziologisch begründet sind. Diese Unternehmen verfügen zwar über ein Finanzcontrolling, welches sich primär um die Finanzen im Unternehmen kümmert und den Fokus auf das wirtschaftliche Fundament legt. Auf das Personalcontrolling wird leider nur sehr wenig Fokus gelegt, dabei kann es aber sehr viele nützliche Aussagen für das Unternehmen treffen. Hier kann man z. B. nicht nur die Kosten für das Personal bündeln, sondern auch deren Kompetenzen und Einsatzmöglichkeiten.

Die Führungskräfte sind zwar zuständig für ihre Mitarbeiter und deren Entwicklung, aber über die Teams hinaus sind die Kompetenzen der Mitarbeiter wenig bis gar nicht bekannt. Dies führt dazu, dass dann vor allem beim Recruiting für neu zu besetzende Stellen teilweise chaotische Zustände herrschen. Die gleichen Profile werden für mehrere Bereiche gesucht, die sich teilweise nicht austauschen, und so kommt es dazu, dass Recruiter die gleichen Profile über die ganze Organisation hinweg suchen und einstellen.

In der Praxis bedeutet das z. B. konkret: Recruiter A sucht für Abteilung A einen Softwareentwickler. Recruiter B sucht für Abteilung B ebenfalls einen Softwareentwickler. Es findet jedoch nicht immer ein Austausch zwischen den Recruitern und Abteilungen statt. Die Recruiter sind fokussiert auf ihre jeweilige Suche und bündeln diese nicht. Die Abteilungen nutzen keine Synergieeffekte, die ggf. entstehen könnten. Warum werden diese Kompetenzen nicht gebündelt? Auch hier wäre ein Personalcontrolling vermutlich eine gelungene Lösung.

Das Personalcontrolling sollte durch ein ausgeklügeltes Karrieremodell unterstützt werden. Viele Unternehmen haben zwar ein solches Karrieremodell entwickelt und implementiert, dieses kommt jedoch meistens nur einmal im Jahr während der Mitarbeitergespräche zur Sprache. Außerdem werden die Mitarbeiter entweder falsch oder gar nicht in das bereits vorhandene Karrieremodell eingestuft. All dies passiert Tag für Tag nicht nur bei kleinen Unternehmen, auch große Konzerne sind hiervon betroffen. Bei den Konzernen kommt hinzu, dass die Prozesse und deren Abbildung in der Personalentwicklung sehr kompliziert und undurchsichtig sind. Die Mitarbeiter selbst wissen teilweise nicht, wie das eingeführte Karrieremodell zu verstehen ist. Nichtverständnis und Komplexität kann zu dem Eindruck führen, dass es keine Weiterentwicklungsmöglichkeiten für den einzelnen Mitarbeiter im Unternehmen gibt. Sucht dann im richtigen Moment auch noch der richtige Headhunter den Kontakt, sind die besten Mitarbeiter leider schnell weg. Vor zwei Jahren habe ich daher den Entschluss gefasst, der Fluktuation aufgrund mangelnder Weiterentwicklungsmöglichkeiten den Kampf anzusagen. Der Schlüssel dafür lag in einem neuen Modell, welches alle Bereiche der Personalentwicklung verbindet und in dem alle Elemente nur gemeinsam funktionieren. So wie ein gutes Uhrenwerk.

Hierzu habe ich zunächst eine Recherche durchgeführt, jedoch nichts dergleichen gefunden, was mir weiterhelfen konnte. Ich habe Rat bei Kollegen gesucht, die Experten in der Personalentwicklung sind. Jedoch blieb ich auch hier erfolglos. »Es ist nicht möglich, ein solches Modell zu entwerfen«, hieß es von fast allen Seiten. Aber es muss doch eine Möglichkeit geben, wie man ein lebendes Karrieremodell schafft und dieses mit den Jobtiteln, Rollenbeschreibungen, Kompetenzen, Mitarbeitergesprächen und einem individuellen Trainingskatalog verbinden kann.

Sie als Leser werden sich jetzt vermutlich fragen: »Warum will man denn diese Bereiche überhaupt miteinander verbinden?«. Die Antwort darauf ist tatsächlich nicht sehr einfach. Versetzen Sie sich bitte kurz in die Lage eines Mitarbeiters. Sie sind in einem Unternehmen tätig und haben einen Jobtitel. Vielleicht gibt es auch bereits ein Karrieremodell und Sie wissen, welches Level Sie haben und sogar in welchem Pfad Sie sich befinden. Zählen Sie vielleicht zu den Glücklichen, die eine Rollenbeschreibung haben? Wenn ja, wie passend ist diese Rollenbeschreibung? Wenn nein, gehören Sie zu dem Großteil der Mitarbeiter in Deutschland, die entweder keine eindeutige oder gar keine Rollenbeschreibung haben. Karrieremodelle, Jobtitel und Rollenbeschreibungen werden als separate Elemente in der Personalentwicklung angesehen. Diese werden auch entsprechend separat aufgesetzt. Entwickelt man ein Karrieremodell, so passen irgendwann die Jobtitel nicht mehr dazu oder man hat Schwierigkeiten, diese entsprechend dem Karrieremodell zuzuordnen. Die Rollenbeschreibungen bleiben zumeist auf der Strecke, denn nach welchem Element erstelle ich denn eine Rollenbeschreibung? Halte ich mich hier an das Karrieremodell oder an die Jobtitel? Und dann gibt es da noch das Kompetenzmodell, das wird zwar immer wieder bei den Mitarbeitergesprächen eingebracht, aber warum wird dieses nicht mit dem Karrieremodell, den Jobtiteln und der Rollenbeschreibung kombiniert? Jeder Jobtitel im Unternehmen braucht seine eigene Rollenbeschreibung und sein eigenes Kompetenzmodell.

Stellen Sie sich vor, wir kombinieren all diese Elemente zu einem großen Modell und leiten daraus für jeden Mitarbeiter einen individuellen Trainingsplan ab. Wir zeigen ihm den Weg, wie er sich weiterentwickeln kann, sofern der Mitarbeiter dies natürlich auch möchte. Darüber hinaus räumen wir das Chaos auf, schaffen attraktive Benefits für Bewerber und bestehende Mitarbeiter und erhöhen die Wirtschaftlichkeit des Unternehmens. Ja, richtig gelesen, »wir erhöhen die Wirtschaftlichkeit des Unternehmens«. Wie bereits weiter oben erwähnt, haben die meisten Unternehmen zwar ein Finanzcontrolling, das Personalcontrolling achtet jedoch nicht immer auf die Einstufung der Mitarbeiter in die richtigen Karrierelevels (ausgenommen sind meistens die großen Konzerne). Versetzen Sie sich bitte kurz in die Lage eines Geschäftsführers. Sie haben über 200 Mitarbeiter im Unternehmen und kennen schon lange nicht mehr alle Mitarbeiter persönlich. Sie vertrauen Ihren Führungskräften, dass diese die Personalauswahl sowie Weiterentwicklung der bestehenden Mitarbeiter entsprechend vorantreiben. Sie geben jährlich das entsprechende Budget für das Personal frei. Ihr Unternehmen bietet IT-Dienstleistung an, Ihre Mitarbeiter entwickeln Software für Ihre Kunden. Die Stunden der Mitarbeiter, die für die Softwareentwicklung des Kunden aufgebracht werden, werden vom Kunden mit einem entsprechenden Stundensatz beglichen. Sie als Unternehmer haben die Aufgabe, eine möglichst große Marge bei diesem Stundensatz zu erzielen. Konkret bedeutet das, dass Ihre Mitarbeiter also gehaltlich unter dieser Marge liegen müssen. Stellen Sie sich jetzt vor, dass Sie kein Karrieremodell im Unternehmen haben. Wie behalten Sie über alle Bereiche hinweg den Überblick? Wie gewährleisten Sie, dass Ihre bestehenden Mitarbeiter sich entsprechend entwickeln und das aller Wichtigste überhaupt, wie definieren Sie die Recruitingziele?

Wenn keine Recruitingziele in einem Unternehmen definiert sind, rekrutiert man unsystematisch alle möglichen Profile und versucht, die Lücken zu stopfen. Erfolgsversprechender und wirtschaftlicher ist es jedoch, langfristige Recruitingstrategien zu entwerfen. Fokussiert man sich hier eher auf Berufseinsteiger und entwickelt diese entsprechend im Unternehmen zu Spezialisten weiter? Oder hat man genug Berufseinsteiger und fokussiert sich bei der Rekrutierung auf die Spezialisten? Diese Fragen lassen sich ziemlich einfach beantworten, indem man die Mitarbeiter in die jeweiligen Level einstuft und dadurch eine Pyramide erstellt. Die günstigsten Mitarbeiter sind meistens die Berufseinsteiger oder umgangssprachlich auch »Young Professionals« genannt. Diese befinden sich im untersten Bereich der Pyramide und sollten von der Anzahl her auch die größte Menge darstellen. Die Spezialisten sind diejenigen, die keine Berufseinsteiger mehr sind, aber auch noch keine Experten, sie kommen also nach den »Young Professionals«. Es folgen die Experten und danach das Management. Wie in einer Pyramide sollte die Anzahl der Mitarbeiter in den jeweiligen Stufen immer mehr abnehmen. Tatsächlich gibt es wenige Unternehmen, die es schaffen, diese Pyramide abzubilden. Bei den meisten Unternehmen ist es eher ein Pilz. Das daraus entstehende Problem wurde auch bereits hier erwähnt: Es wird darauf geachtet, die Produkte oder Dienstleistungen zu verkaufen, und nicht auf die Kompetenzen der einzelnen Mitarbeiter. Wenn es für den Verkauf der Produkte und Dienstleistungen nötig ist, einen weiteren Spezialisten an Bord zu holen, wird diese Stelle neu besetzt und es wird nicht unter den Mitarbeitern geschaut, ob man hier einen bereits gebundenen Mitarbeiter weiterentwickeln und fördern kann. So sind die Spezialisten im Unternehmen, die teuer eingekauft werden, der große Pilzkopf. Diese ›Strategie‹ wird in der Hoffnung verfolgt, dass diese Spezialisten in der Entwicklung oder im Verkauf der Dienstleistung oder des Produktes das Unternehmen weiterbringen. Den anderen Mitarbeitern wird somit die Beförderung auf solche Positionen versagt, weil sie dem Spezialistenprofil nicht entsprechend und nicht in ihre Weiterentwicklung investiert wird (s. Abb. 1).

Abb. 1: Die optimale Verteilung der Rollen im Unternehmen

Ziel sollte also sein, langfristig in die Personalentwicklung zu investieren und sich auf die Rekrutierung von »Young Professionals« zu fokussieren. Mit der entsprechenden Personalentwicklung ist man so in der Lage, diese jungen Mitarbeiter weiterzuentwickeln, ihnen einen Weg im Unternehmen aufzuzeigen und sie dabei langfristig zu binden. Die Marge für das Unternehmen ist hier am höchsten und die Strategie ist wirtschaftlich gesehen absolut rentabel. Selbstverständlich wird es mit einer wachsenden Organisation immer wieder dazu kommen, dass man auch erfahrene Spezialisten oder Experten rekrutieren muss. Diese sollten aber eher die Ausnahme darstellen.

Ich habe es nun geschafft, alle Elemente in der Personalentwicklung – angefangen mit dem Karrieremodell über Jobtitel und Rollenbeschreibungen bis zum Kompetenzmodell und dem Trainingskatalog – miteinander zu verbinden. Die schon erfolgte Implementierung in einigen Unternehmen hat gezeigt, dass die Mitarbeiter deutlich zufriedener sind und nun auch Transparenz bezüglich ihrer Weiterentwicklungsmöglichkeiten haben.

In diesem Buch möchte ich Ihnen Schritt für Schritt zeigen, wie Sie dieses Modell in Ihrer Organisation entwickeln und implementieren können. Dieses Buch ist definitiv nicht nur für Mitarbeiter in der Personalabteilung von Relevanz. Jeder, der sich mit Personalentwicklung und Mitarbeiterbindung auseinandersetzt, wird hier sehr viele Antworten auf ungelöste Probleme in der Personalabteilung finden. Neben vielen Beispielen aus der Praxis finden Sie auch Grafiken und Checklisten, um die Umsetzung bestmöglich zu unterstützen. Alles, was Sie machen müssen, ist, die Ihnen bekannten Regeln über Bord zu werfen und sich diese Inhalte ganz neutral durchzulesen. Ich bin mir sicher, dass ich Ihre Sichtweisen auf einige Dinge ändern werde.

Lassen Sie sich von mir an die Hand nehmen und durch dieses Buch begleiten. In Kapitel 2 erhalten Sie Begriffserklärungen, die Sie später immer wieder lesen werden. In diesem Kapitel geht es hauptsächlich um die Vorbereitung auf das eigentliche Karrieremodell.

Das Kapitel 3 wird Ihnen exakt beschreiben, weshalb es notwendig ist, überhaupt ein Karrieremodell zu erschaffen, und welche Gedanken sich dahinter verbergen. In Kapitel 4 geht es endlich ins Eingemachte, wir legen mit der Entwicklung des Karrieremodells und aller Elemente los!

Zu guter Letzt erhalten Sie in Kapitel 5 noch Inspirationen für den Einsatz des Karrieremodells im Alltag.

2 Vorbereitung

Jedes Projekt bedarf einer guten Vorbereitung. Durch Fehler sammelt man die besten Erfahrungen. Fehler bedeuten aber auch, dass man viel Zeit investieren muss, um diese wieder zu bereinigen. Ich bin in einige Fallen getappt und möchte nun mit meiner Erfahrung daraus Ihnen einiges an Zeit und Mühsal ersparen. Das Projekt »Karrieremodell« ist ein großes Projekt. Mir geht es hierbei nicht darum, ein optimales Projektmanagement aufzusetzen, sondern Ihnen eine Stütze zu geben, wie Sie dieses Projekt vor allem inhaltlich zum Erfolg führen können und alle Mitarbeiter der Organisation dieses Modell tagtäglich mit Leben füllen. Sie können hierzu selbstverständlich eine Ihnen bekannte Projektmanagementsoftware nutzen und Ihren Fortschritt dokumentieren. Ich werde Ihnen auch immer wieder Tipps zur Nutzung von geeigneten Tools geben. Ich persönlich habe hierzu Microsoft Teams und diverse andere Microsoft-Produkte wie z. B. Excel und PowerPoint benutzt.

Bevor wir jedoch mit tiefen inhaltlichen Themen rund um das Karrieremodell starten, möchte ich hier vorab einige Begrifflichkeiten erklären und Ihnen zeigen, was ich damit meine. Sie werden dadurch in den späteren Kapiteln einfacher verstehen, was ich mit den Begrifflichkeiten erläutere. Außerdem finden Sie Anregungen für eine Reihe von Vorkehrungen, die Sie anhand von Informationssammlungen vornehmen sollten.

2.1 Begriffserklärungen

2.1.1 Wer sind Ihre Stakeholder?

Jedes größere Projekt in einem Unternehmen bedeutet meistens eine Veränderung. Bei diesen Veränderungen ist es notwendig, verschiedenste Interessengruppen in das Projekt einzubeziehen, um nicht nur die eigene Sichtweise zu erweitern, sondern auch um die Stimmung bei der Umsetzung dieser Projekte so hoch wie möglich zu halten. Diese Gruppe von Interessenten nennt man auch »Stakeholder«. Sicherlich haben Sie diesen Begriff öfters gehört und werden ihn auch in diesem Buch immer wieder lesen. Daher ist es mir wichtig, dass Sie immer wissen, was genau ich damit meine.

Um ein gemeinsames Verständnis dafür zu haben, habe ich folgende Definition für Sie verfasst:

Definition Stakeholder

Stakeholder sind Personen, die ein Interesse am Verlauf oder Ergebnis eines Prozesses oder Projektes haben.

Bitte beachten Sie, dass es hier nicht nur um die internen Stakeholder – also Ihre Kollegen – geht, sondern auch um externe Stakeholder, die ggf. eine Rolle in dem Projekt haben. Externe Stakeholder können z. B. Dienstleister sein, die Sie beauftragen, um etwas umzusetzen.

Zu Beginn eine Auflistung Ihrer Stakeholder zu erstellen, wird Ihnen das Arbeiten während des Projektes massiv erleichtern. Sie werden immer diese Liste vor Augen haben und so in der Lage sein, das Projekt aus den verschiedensten Perspektiven zu betrachten. In diese Liste gehören unter anderem auch der Name Ihres Auftraggebers und selbstverständlich Ihrer, sollten Sie die Projektleitung hierzu übernehmen. Dies können Sie in einer einfachen Excelliste dokumentieren. Überlegen Sie sich zunächst genau, wer diese Stakeholder sind. Schreiben Sie untereinander den Namen der Abteilung, den Namen des Ansprechpartners sowie deren Funktion bezogen auf das Projekt auf. Diese Liste könnte so aussehen, wie in Tabelle 1 gezeigt.

Abteilung	Ansprechpartner	Funktion
HR	Elif Tunc	Projektleiterin
Management	Max Mustermann	Auftraggeber
Entwicklung	Maxime Musterfrau	Führungskraft, Inputgeberin für die Rollen, Jobtitel und Kompetenzen

Tab. 1: Beispiel für eine Liste aller Stakeholder und deren Funktion

Außerdem sollten Sie sich bereits Gedanken darüber machen, welche Plattform Sie nutzen, um Informationen und den aktuellen Projektstand mit Ihren Stakeholdern zu teilen. Ich habe hierzu Microsoft Teams genutzt und darin einen Kanal angelegt. Sämtliche Stakeholder hatten jederzeit Zugriff und ich habe stets alle Inhalte aktuell gehalten. Sie sollten noch einige Inhalte sammeln, bevor Sie diese mit Ihren Stakeholdern teilen. Selbstverständlich können Sie hierzu auch jede andere Plattform oder Software nutzen. Da sich die Stakeholder in einem Projekt immer wieder verändern können, sollten Sie Ihre Liste mit den Stakeholdern daher nicht als starr, sondern flexibel betrachten. Sobald alle Vorbereitungen abgeschlossen sind, sollten Sie mit diesen Stakeholdern ein Kick-Off durchführen.

2.1.2 Definition Karrieremodell und Karrierepfad

Nachdem Sie die Liste mit Ihren Stakeholdern erstellt haben, machen wir den nächsten Schritt. Hier geht es darum, wichtige Begriffe zunächst zu klären und zu verstehen. Sie werden im Laufe dieses Abschnittes merken, dass Begriffe, die wir täglich verwenden, für Ihr Gegenüber durchaus etwas anderes bedeuten können. Das liegt daran, dass jeder in diesem Moment etwas anderes mit dem Wort assoziiert, also sich darunter vorstellt.

Hierzu möchte ich gerne einen kurzen Ausreißer in Richtung Psychologie (Soziale Kognition) machen und Ihnen dies genauer mit einem Beispiel erläutern: Sie hören das Wort »Lila«. In diesem Moment aktiviert sich ein Netzwerk an Wörtern. Und plötzlich denken Sie vielleicht an eine Kuh. Was hat jedoch eine Kuh mit der Farbe Lila zu tun? Genau das machen assoziative Netzwerke mit uns. Wir stellen Verbindungen her, bei denen es vielleicht keine gibt. Sie haben irgendwann eine Erfahrung gemacht, indem Sie in einer Schokoladenwerbung eine lilafarbene Kuh gesehen haben und diese Information so für sich abgespeichert. Selbstverständlich können sich auch andere Wörter in Ihrem assoziativen Netzwerk aktivieren, sobald Sie die Wörter »Lila« oder »Kuh« hören. Daher ist es sehr wichtig, immer dieselbe Ausgangslage für alle Beteiligten in Projekten zu schaffen und sogar die einfachsten und vielleicht selbstverständlichsten Begriffe zu klären. Kommunikation wird in diesem Projekt ein zentrales Thema sein. Wenn Sie dies von vornherein ordentlich vorbereiten, wird es nicht viele Missverständnisse geben. Schaffen Sie eine Grundlage, dazu können Sie gerne diese Definition für das Wort Karrieremodell verwenden:

Definition Karrieremodell

Der Begriff Karrieremodell ist in der Personalentwicklung verortet und bezeichnet einen Ablauf von charakteristischen Stationen bis zu einer höheren Position. Jede Station ist mit verschiedenen Bedingungen wie etwa Erfahrung, Qualifikation, Aufgabe und Anforderung verknüpft.

Über die hier genannten Bedingungen werden Sie später noch ausführliche Details erfahren.

Die Einstufung im Karrieremodelle erfolgt in der Regel mit Zahlen oder Buchstaben. So kann es z. B. sein, dass das Level 1 oder Level A das unterste Level darstellt. Eine Regel hierfür ist nicht vorhanden. Jedes Unternehmen kann frei entscheiden, wie die Level benannt werden sollen. Empfehlenswert sind sechs Level. In diesem Buch habe ich mich für die Zahlen entschieden. Das unterste Level ist die 1 und das höchste Level die 6 (s. Abb. 2). Was es genau mit den Leveln auf sich hat und wie sich Mitarbeiter hier von Level zu Level weiterentwickeln, ist in Kapitel 4 beschrieben. Legen Sie sich bereits jetzt auf eine der beiden Varianten fest.

Neben den Karriereleveln spielen die Karrierepfade eine wesentliche Rolle. In den meisten Karrieremodellen werden diese eher lieblos behandelt, da man bisher immer versucht hat, das Karrieremodell so kompakt wie möglich zu halten. Auch diese Regel werfe ich über Bord, daher halten Sie sich bitte nicht am Umfang fest. Das Karrieremodell soll aussagekräftig sein, damit sich jeder Mitarbeiter wiederfinden kann. Karrierepfade sind eine Art Zuteilung bzw. Klassifizierung. Sie bilden auf eine detaillierte Art und Weise quasi das Organigramm des Unternehmens ab. Wenn Sie ein Organigramm zur Hand haben, dann schauen Sie sich bitte hier die einzelnen Rollen genau an. In der Regel werden Sie diese Rollen finden:

- *Fachkarriere*: Die meisten Angestellten werden Sie hier finden. Hierzu gehören u. a. Softwareentwickler, Buchhalter, Personalreferent, Elektroniker etc.
- *Projektkarriere*: In den meisten Unternehmen (vor allem in der IT-Branche) sind diese Positionen mit Personen besetzt, die eine Projektleiterrolle ausführen.
- *Vertriebskarriere*: Jedes Unternehmen verfügt über einen eigenen Vertrieb. Je nach Größe des Vertriebsteams können hier die Rollen auch entsprechend ausfallen. Da der Vertriebsmitarbeiter meistens eine andere Rolle als z. B. der Softwareentwickler hat, ist es nur ratsam, dieser Rolle einen eigenen Pfad zu geben.
- *Managementkarriere*: Alle Führungskräfte (inkl. CEO etc.) sind in diesem Pfad aufgehoben.

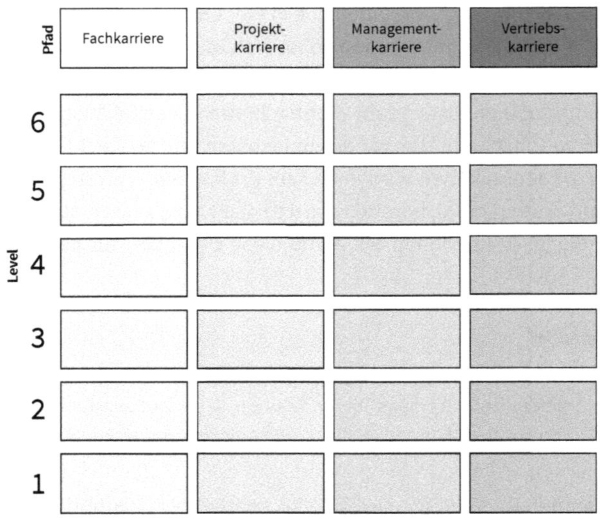

Pfad	Fachkarriere	Projekt-karriere	Management-karriere	Vertriebs-karriere
Level 6				
5				
4				
3				
2				
1				

Abb. 2: Darstellung der Karrierelevel und Karrierepfade

2.1.3 Definition Jobtitel

Jobtitel werden immer wieder heiß diskutiert. Mittlerweile gibt es ein ganzes Meer an modernen Jobtiteln. Es gibt unterschiedlichste Kombinationen. Mischungen aus deutschen und englischen Wörtern und sämtlichen Zusätzen wie »Junior«, »Senior« oder »Associate« sind keine Seltenheit mehr. Viele Mitarbeiter haben unterschiedlichste Vorstellungen von den eigenen Jobtiteln, viele möchten sich mit ihrem eigenen Jobtitel identifizieren. Die Wenigsten sind jedoch zufrieden damit. Haben Sie sich bisher gefragt, was Jobtitel eigentlich bedeuten und warum wir diese brauchen? Gerne möchte ich hier etwas Klarheit für Sie schaffen. Das Thema ist tatsächlich sehr wichtig und wird Sie einige Zeit an Recherche kosten.

Grundsätzlich gilt es, zwischen den internen und externen Jobtiteln zu unterscheiden. Die internen Jobtitel sind tatsächlich die, die Sie auch in Ihrem Karrieremodell verwenden werden. Außerdem sind das auch die Titel, die der Mitarbeiter auf seiner Visitenkarte bzw. Signatur tragen wird. Es ist daher sehr wichtig, dass man die internen Jobtitel sehr sorgfältig und zukunftsorientiert auswählt. In den Abschnitten 3.5 sowie 4.2.1 werde ich Ihnen genau dies näher erläutern. Gemeinsam suchen wir die Jobtitel aus und legen damit eine gute Basis für das Karrieremodell und die Zufriedenheit der eigenen Mitarbeiter.

Externe Jobtitel können sich teilweise von den internen Jobtiteln unterscheiden. Wenn Sie z. B. eine Stellenanzeige gestalten, könnte es durchaus sein, dass Sie die bereits vorhandenen Jobtitel nicht immer verwenden können. Dies kann z. B. an einer seltenen Position liegen oder Sie müssen ggf. auch aufgrund von Jobportalen und deren Vorgaben hin und wieder die Jobtitel anpassen, um besser von Ihrer Zielgruppe gefunden zu werden. Mein Streben ist hier, dass wir eine klare Linie und eine bessere Transparenz bei den Jobtiteln schaffen.

Denken Sie auch daran, dass Sie sogar den Begriff Jobtitel definieren und Ihren Stakeholdern klar machen, was genau es mit den Jobtiteln auf sich hat. Gerne können Sie hierzu diese Definition nutzen:

Definition Jobtitel

Jobtitel sind Berufsbezeichnungen, die möglichst genau und in kurzer Form über die Position und Qualifikation informieren. Zumeist bestehen Sie aus einem Haupttitel (z. B. Softwareentwickler) und den Zusätzen. Einer dieser Zusätze beschreibt die Seniorität oder auch die Qualifikation (z. B. Junior, Senior etc.). Der andere Zusatz kann den Fachbereich oder die Fachrichtung beschreiben (z. B. Java, IT, Automotive etc.). Der zweite Zusatz ist optional zu betrachten.

Mit Abbildung 3 zeige ich Ihnen die mögliche Darstellung im Karrieremodell.

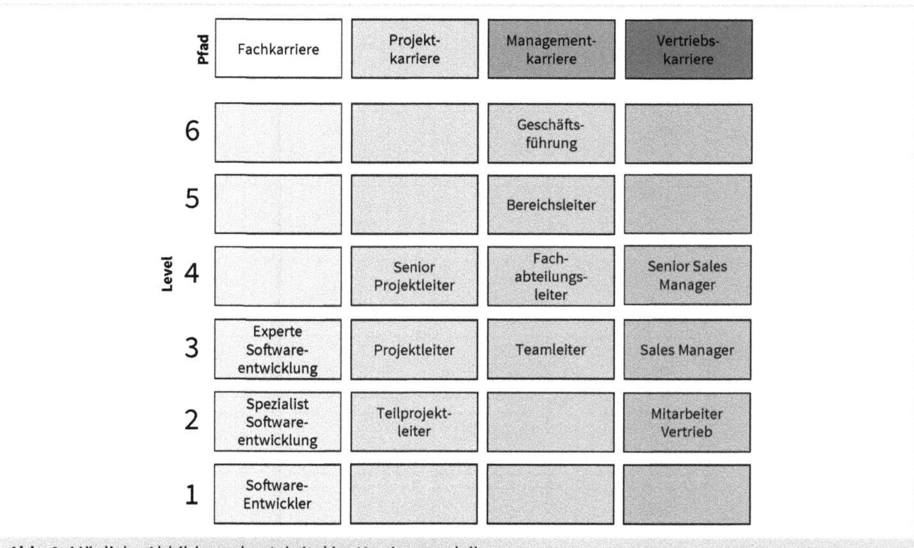

Abb. 3: Mögliche Abbildung der Jobtitel im Karrieremodell

Weitere Informationen und Details dazu werden Ihnen in den kommenden Abschnitten und Kapiteln erläutert.

2.1.4 Definition Rollenbeschreibung

Rollenbeschreibungen werden auch Stellenbeschreibungen genannt. Bitte entscheiden Sie sich für einen der beiden Begriffe. Ich nutze den Begriff Rollenbeschreibung, da Stellenbeschreibung oft auch mit Stellenanzeigen verwechselt wird. Die Rollenbeschreibung soll möglichst genau definieren, was der Mitarbeiter in der Rolle und in welcher Intensität ausführen sollte. Hierzu gilt es, zwei Dinge zu unterscheiden:

- »Must have«: Diese Aufgaben muss der Mitarbeiter beherrschen.
- »Nice to have«: Diese Aufgaben muss der Mitarbeiter nicht beherrschen, es wäre aber von Vorteil.

Es gibt einige Vorlagen für eine Rollenbeschreibung, die Sie im Internet finden können. Dieses Thema wird auch immer wieder an den Universitäten, Hochschulen oder Berufsschulen im Fach Human Resources unterrichtet. Ich kann mich erinnern, dass mir damals beigebracht worden ist, wie eine Rollenbeschreibung genau auszusehen hat. Bitte verwerfen Sie diese Gedanken, wenn auch Sie bereits in einer Vorlesung oder im Unterricht damit Erfahrungen gemacht haben. Diese Dinge blockieren Sie nur. Es gibt kein Gesetz, das eine Rollenbeschreibung vorschreibt. Sicherlich gibt es Vorgaben im Unternehmen – z. B. vom Qualitätsmanagement oder wenn eine Zertifizierung ansteht –, die man einhalten sollte. Es steht Ihnen und Ihrer Organisation aber frei, wie ausführlich Sie Ihre Rollenbeschreibung erarbeiten.

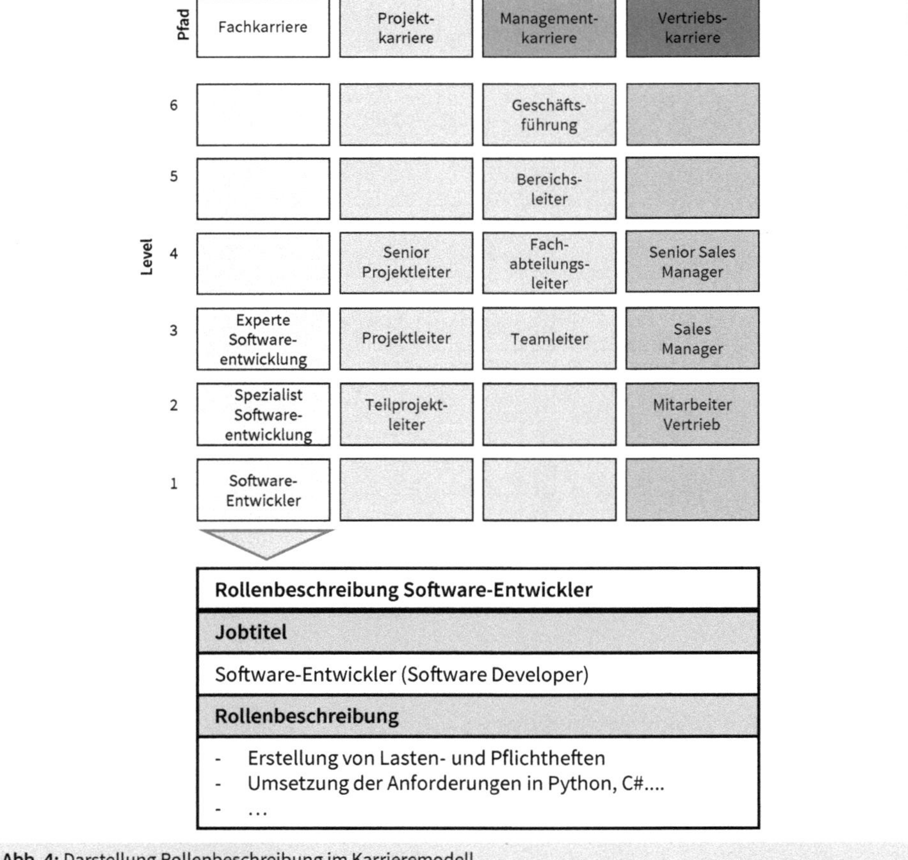

Abb. 4: Darstellung Rollenbeschreibung im Karrieremodell

Für die Definition der Rollenbeschreibung können Sie gerne diese hier verwenden:

Definition Rollenbeschreibung

Rollenbeschreibungen sind eine schriftliche Beschreibung der jeweiligen Stelle. Sie beinhalten neben dem Jobtitel auch weitere Informationen zur Tätigkeit sowie zum Rahmen der Verantwortung. In Rollenbeschreibungen können auch die Ziele dieser Rolle sowie Kompetenzen des Rolleninhabers abgebildet werden.

Hier möchte ich auch kurz den späteren Kapiteln vorgreifen und Ihnen bereits jetzt einen Auszug für mein Karrieremodell zeigen. In Abbildung 4 sehen Sie, wie die Rollenbeschreibungen im Karrieremodell integriert werden. Weitere Details dazu erhalten Sie ausführlich in den kommenden Kapiteln.

2.1.5 Definition von Kenntnis, Erfahrung, Kompetenz und Fähigkeit für die Beschreibung von Anforderungen

Um verschiedene Anforderungen zu beschreiben, greift man sehr oft auf die Wörter »Kenntnis, Erfahrung, Kompetenz und Fähigkeit« zurück. Diese Begriffe finden sich auch häufig in Stellenanzeigen wieder. Haben Sie sich jedoch Gedanken darüber gemacht, was diese Begriffe überhaupt genau bedeuten? Wozu setzt man sie ein und was sollen sie aussagen? Was ist der Unterschied zwischen diesen Begrifflichkeiten? Ich habe eine kleine Umfrage im Team durchgeführt und genau diese Frage an einige Personen gestellt, die mit unterschiedlichen Definitionen geantwortet haben. Hier kommt wieder unser assoziatives Netzwerk zur Geltung. Darüber hinaus gebrauchen wir außerdem häufig Wörter, deren Bedeutungen wir nicht immer genau kennen. Ich möchte Ihnen in diesem Buch nicht erklären, welches Wort was bedeutet. Mir geht es vor allem darum, dass Sie wirklich alles hinterfragen und genauestens analysieren, da wir diese Begriffe später im Buch noch sehr oft gebrauchen werden. Daher sollten wir diese jetzt schon einmal so genau wie möglich definieren. Sie werden erstaunt sein, wenn Sie versuchen diese Definitionen über eine Suchmaschine zu finden, denn tatsächlich ist deren Erklärung nicht sehr einfach. Ich habe Ihnen hier versucht, die Unterschiede der Begrifflichkeiten so genau wie möglich zu erläutern:

Definitionen

- *Kenntnis*: Wissen, das man von etwas hat. Kenntnisse sind erworbene Fakten, Informationen und Fähigkeiten. In der Schule und den ersten Studiensemestern eignet man sich z. B. Kenntnisse an.
- *Erfahrung*: Bezeichnet die durch Wahrnehmung und Lernen erworbenen Kenntnisse und Verhaltensweisen oder im Sinne von »Lebenserfahrung« die Gesamtheit aller Erlebnisse, die eine Person jemals hatte, einschließlich ihrer Verarbeitung. Die Kenntnisse, die man sich in der Schule und im Studium angeeignet hat, werden zu Erfahrungen, wenn man die erworbenen Kenntnisse in der Praxis umgesetzt hat und aus den Resultaten seine Schlüsse zieht.
- *Kompetenz*: Ist die Fähigkeit einer Person, Anforderungen in bestimmten Bereichen aufgrund von Erfahrung, Können und Wissen zu erfüllen. Sie ermöglicht selbstbestimmtes Handeln in wechseln-

den Situationen von Beruf und Alltag. Vereinfacht: Man besitzt die erforderliche Erfahrung und ist zudem in der Lage, diese in der richtigen Situation passgenau einzusetzen.
- *Fähigkeit*: Eine Fähigkeit beschreibt die ganz grundsätzlichen körperlichen und geistigen Voraussetzungen eines Menschen, die er mitbringt, um Leistungen zu erbringen. Sie sind abhängig von der genetischen Veranlagung eines Menschen und dem, was er sich im Laufe seines Lebens durch Lernen und Sozialisierung aneignet.

Selbstverständlich gibt es neben diesen vier Begriffen noch einige andere. Die hier Aufgelisteten hier sind jedoch die, die am häufigsten eingesetzt werden. Insbesondere bei der Einstufung der Mitarbeiter in das jeweilige Level werden diese Begriffe für Sie sehr hilfreich sein, wenn sie entsprechend richtig eingesetzt werden.

Nun geht es darum, eine saubere Abstufung zwischen den Begrifflichkeiten zu gestalten. Wie genau oder gut müssen Fähigkeiten, Kenntnisse, Erfahrungen etc. sein? Was genau bedeuten hier »gut« oder »sehr gut«. Wir alle kennen diese Art der Benotung von der Schule. Für die Beschreibung unserer Rollen benötigen wir ein eigenes Benotungssystem. Auch hier sind Sie sehr frei in der Gestaltung, ich empfehle Ihnen, es so einfach wie möglich zu halten. Ausgewählt habe ich für mich insgesamt vier Stufen:
- erste (Erfahrungen),
- gute (Erfahrungen),
- sehr gute (Erfahrungen),
- tiefgehende (Erfahrungen).

Bitte beachten Sie, dass dieses Benotungssystem nicht in direkter Verbindung mit den Karrierelevels steht. Ein Mitarbeiter im Karrierelevel 1 kann im Anforderungsprofil neben guten Erfahrungen auch tiefgehendes Detailwissen stehen haben. Mir geht es vielmehr darum, eine Transparenz zu schaffen und genauestens zu erläutern, was die einzelnen Abstufungen bedeuten. Gerne gebe ich Ihnen auch hier eine kleine Hilfestellung zur Bedeutung der einzelnen Stufen. Zur Veranschaulichung habe ich mich für den Begriff »Erfahrung« entschieden. Sehr gerne können Sie stattdessen auch »Kenntnis«, »Fähigkeit« etc. verwenden:

Beispiele für Abstufungen

- *Erste Erfahrung*: Bewerber/Mitarbeiter ist schon einmal mit z. B. Programmierung in Berührung gekommen. Benötigt aber noch eine solide Einarbeitung.
- *Gute Erfahrung*: Bewerber/Mitarbeiter ist schon mehrmals mit z. B. Programmierung in Berührung gekommen, kennt sich damit aus, kann eigenständig damit arbeiten.
- *Sehr gute Erfahrung*: Bewerber/Mitarbeiter hat mit z. B. Programmierung gearbeitet, kann eigenständig damit arbeiten, könnte anderen z. B. Programmierung beibringen oder andere in Themenfelder einarbeiten. Verfügt über ein umfangreiches Wissen.
- *Tiefgehende Erfahrung*: Bewerber/Mitarbeiter hat über einen längeren Zeitraum mit z. B. Programmierung gearbeitet, kann eigenständig damit arbeiten, könnte anderen z. B. Programmierung beibringen oder andere in Themenfelder einarbeiten. Verfügt über Detailwissen und ist ein Experte auf seinem Gebiet.

Bei dieser Beschreibung habe ich bewusst als Personenbezeichnung »Bewerber/Mitarbeiter« ausgewählt, denn Sie können ab sofort diese Begrifflichkeiten und deren Abstufung auch in Ihren Stellenanzeigen verwenden, damit Sie die Rollenbeschreibungen optimal anpassen. Bei den meisten Stellenanzeigen herrscht leider auch diesbezüglich bisher Intransparenz.

2.2 Was ist ein Kompetenzmodell?

Das Kompetenzmodell stellt nicht nur die jeweiligen Kompetenzen der Mitarbeiter und Führungskräfte in einem Unternehmen dar, sondern spiegelt auch die notwendigen Kompetenzen wider, die in einem Unternehmen benötigt werden, um entsprechend erfolgreich zu sein. Es besteht also aus einer Kombination zwischen dem, was im Unternehmen benötigt wird, und dem, was ein Mitarbeiter oder eine Führungskraft mitbringen. Vereinfacht ausgedrückt kann ein Kompetenzmodell Verhaltensweisen für Mitarbeiter und Führungskräfte vorgeben, um für sich und das Unternehmen erfolgreich zu sein.

Es gibt unterschiedliche Kompetenzfelder, die bei der Erstellung eines Kompetenzmodells von Relevanz sein können. Einige der gängigsten Kompetenzen möchte ich Ihnen hier näher definieren:

Kompetenzen

- *Fachkompetenz*: Dies ist die Kompetenz, die aufgrund von Ausbildung, Studium und/oder Berufserfahrung gewonnenes Fachwissen repräsentiert. Die Fachkompetenz dient dazu, dass man sein Fachwissen bei der Lösung von Aufgaben im Berufsalltag anwendet und in der Lage ist, die Situation fachgerecht zu beurteilen.
- *Methodenkompetenz*: Um entsprechendes Fachwissen stetig aufzubauen, sollte man ein Wissen über Lernstrategien besitzen. Die Methodenkompetenz gibt demnach auf die folgende Frage eine Antwort: Woher erhalte ich meine Informationen, um mich stetig in der Fachlichkeit weiterzuentwickeln? Da die Fachkompetenz mit der Zeit nachlassen kann, sollte jeder Mitarbeiter und jede Führungskraft über eine entsprechende Methodenkompetenz verfügen, um seine fachliche Kompetenz zu erhalten oder zu erweitern und nicht zu verlieren.
- *Selbstkompetenz*: Diese Kompetenz dient dazu, sich immer wieder zu reflektieren. Hierbei überprüft man unter anderem seine eigene Entwicklung und kann Chancen abwägen, um ggf. Ziele daraus abzuleiten.
- *Sozialkompetenz*: Die Interaktion zwischen den Menschen wird in dieser Kompetenz großgeschrieben. Die Sozialkompetenz gibt unter anderem Antworten auf die Fragen: Wie findet die Kommunikation untereinander statt? Wie hoch ist die Teamfähigkeit?

Für die Gestaltung eines Kompetenzmodells ist es daher essenziell, die einzelnen Kompetenzen der bestehenden Mitarbeiter und Führungskräfte zu kennen. Außerdem orientiert sich ein Kompetenzmodell auch an dem Leitbild sowie den Werten des Unternehmens, welche sich mit dem Unternehmen stetig weiterentwickeln.

Darüber hinaus ist das Kompetenzmodell nicht nur ein wichtiges Werkzeug bei der Auswahl der richtigen Mitarbeiter und Führungskräfte für das Unternehmen, es dient auch dazu, die bestehenden Mitarbeiter und Führungskräfte mit entsprechenden Maßnahmen zu fördern und weiterzuentwickeln.

2.3 Was versteht man unter einem Trainingskatalog?

Der Begriff Trainingskatalog lässt sich sehr einfach definieren:

Definition Trainingskatalog

Der Trainingskatalog ist eine Sammlung für die Trainings und Weiterbildungen der Mitarbeiter und Führungskräfte im Unternehmen.

Immer wieder habe ich die Erfahrung gemacht, dass die Personalentwicklung auf die Gestaltung und Durchführung von einem Trainingskatalog reduziert wird. Man verbindet also die Personalentwicklung häufig damit, dass es sich hier um eine Angebotspalette von Trainings und Weiterbildungen handelt. Der Trainingskatalog stellt sicherlich ein sehr wichtiges Thema dar, ist jedoch nur ein Teilbereich der Personalentwicklung. Auch dieses Element werden wir später in das große Modell einbinden und uns im Detail ansehen.

Ein Trainingskatalog besteht in der Regel nicht nur aus Trainings- und Weiterbildungsangeboten von externen Anbietern. Oftmals finden sich auch Trainings und Weiterbildungen wieder, die intern (z. B. durch andere Kollegen und Führungskräfte) durchgeführt werden.

Die Personalentwicklung ist in der Regel verantwortlich für den stetigen Ausbau und die Weiterentwicklung des Trainingskatalogs. Die Auswahl der geeigneten Trainings sowie Dienstleister erfolgt in der Regel in Absprache mit den entsprechenden Fachabteilungen. Die Trainingskataloge sind meistens digital auf einer Plattform abgebildet und für alle Mitarbeiter und Führungskräfte im Unternehmen zugänglich.

2.4 Was wird unter Mitarbeitergesprächen verstanden?

Mitarbeitergespräche können je nach Unternehmen in verschiedensten Formaten stattfinden. In der Regel führen der Mitarbeiter und seine direkte Führungskraft das Mitarbeitergespräch. Mitarbeitergespräche stellen ein Instrument in der Personalführung dar und können geplant oder ungeplant sowie in regelmäßigen oder unregelmäßigen Abständen stattfinden.

Ich empfehle ein bis zwei geplante Mitarbeitergespräche zwischen Führungskraft und Mitarbeiter im Jahr. Diese sollten am besten mithilfe eines Mitarbeitergesprächsbogens dokumentiert werden.

Der Fokus in diesen Gesprächen liegt ganz bei dem Mitarbeiter, daher sollten die Führungskräfte hier ausreichend Zeit einräumen, um alle Belange und Wünsche des Mitarbeiters zu besprechen und ggf. auch weitere Schritte in dessen Karriere und seine Ziele festzuhalten. Der Mitarbeiter sollte hier auch die Gelegenheit haben, ein Feedback an die Führungskraft zu geben. Die gegenseitige Reflektion ist eine positive Eigenschaft der Mitarbeitergespräche und sollte von beiden Seiten genutzt und angenommen werden.

Hin und wieder wird diskutiert, ob die Mitarbeitergespräche in der Personalentwicklung aufgehoben sind oder diese doch in die Personalbetreuung gehören. Meiner Meinung nach gehören die Mitarbeitergespräche definitiv in die Personalentwicklung, da es sich hier unter anderem auch um Gespräche über die weitere Entwicklung des Mitarbeiters handelt. Die Personalbetreuung sollte natürlich über die Ergebnisse der Mitarbeitergespräche informiert werden, um hier ggf. beratend für die Führungskräfte und Mitarbeiter zur Verfügung zu stehen.

In Abschnitt 3.9 erhalten Sie weitere Informationen zu der Beziehung zwischen dem Karrieremodell und den Mitarbeitergesprächen.

2.5 Was versteht man unter Gehaltsbandbreiten?

Gehaltsbandbreiten geben Auskunft darüber, in welchem Gehaltsrahmen sich ein Mitarbeiter oder eine Führungskraft befinden sollte. Ausschlaggebend für die Gehaltsbandbreiten sind unter anderem die Position, die Verantwortung und auch die Expertise, die der Mitarbeiter oder die Führungskraft einbringt. Ein weiterer Faktor für die Gehälter ist die jeweilige Branche, in der ein Unternehmen tätig ist.

In vielen Institutionen (z. B. im öffentlichen Dienst) sind diese Gehaltsbandbreiten bereits beispielsweise anhand von Tarifverträgen festgelegt. In der freien Wirtschaft gibt es sehr unterschiedliche Gehaltsbandbreiten, die sich von Unternehmen zu Unternehmen verändern. Der Markt regelt auch hier den Preis.

Gehaltsbandbreiten sollten von Unternehmen entsprechend der Positionen festgelegt werden und in der Rollenbeschreibung manifestiert sein. Daher ist es mir auch ein Anliegen, dieses Thema in diesem Buch anzusprechen. Gehaltsbandbreiten nehmen immer mehr an Bedeutung zu, da der Bewerbermarkt mehrheitlich nach Transparenz verlangt. Das Thema wird im Moment vor allem in den Social-Media-Plattformen häufig diskutiert. Die größte Herausforderung liegt hier in der Berechnung der Gehaltsbandbreiten. Woran genau orientiert man sich hier? Sie erhalten auch hierüber weitere Informationen in Abschnitt 3.10.

So viel vorweg: In der freien Wirtschaft kann die Festlegung der Gehaltsbandbreiten durch die Personalabteilung erfolgen, wenn diese den eigenen Markt gut kennt und entsprechende Daten von bestehenden Mitarbeitern im Vergleich zu den Gehaltsforderungen der Bewerber auswertet. Hilfreich sind hierbei auch größere, frei zugängliche Studien von einigen namhaften Internetportalen. Die Festlegung ist zugegebenermaßen nicht einfach und bedarf neben viel Recherche auch einer ausreichenden Erfahrung. Eine konkrete Formel für die Berechnung von Gehaltsbandbreiten gibt es nicht.

Gehaltsbandbreiten gewinnen immer mehr an Aufmerksamkeit. Heutzutage wird von großen Jobportalen verlangt, dass man seine Gehaltsbandbreiten für die ausgeschriebene Position preisgibt. Kommt man dem als Unternehmen nicht nach, wird man bei der Suche durch Interessenten schwerer gefunden. Der Markt ist vor allem in der IT-Branche hart umkämpft, es handelt sich hier nicht mehr um einen Bewerbermarkt, sondern um einen Kandidatenmarkt. Der Kandidat sucht sich heutzutage selbst aus, wo er arbeiten möchte. Die Bewerbungen nehmen immer mehr ab. Die Transparenz über die Gehälter in den unterschiedlichsten Unternehmen kann dazu führen, mehr Bewerber anzulocken.

3 Über die Notwendigkeit, ein neues Karrieremodell zu erschaffen

Immer wieder werde ich gefragt, weshalb ich mich so intensiv mit dem Karrieremodell beschäftige und versuche, hierbei etwas Neues zu erschaffen bzw. die Personalentwicklung zu revolutionieren. Auf diese Frage kann ich nicht nur eine kurze Antwort geben. Es gibt viele Gründe für meinen Ansatz, die teilweise auch sehr intensiv sind.

Einer meiner Hauptbeweggründe ist sicherlich die Fluktuation in Unternehmen, welche sich aufgrund mangelnder Weiterbildungsmaßnahmen bzw. allgemein wegen der Personalentwicklung vollzieht. Ich bin eine Vollblut-Recruiterin und ertrage es nur schwer, wenn gute Mitarbeiter das Unternehmen verlassen und ich neben der Besetzung neuer Stellen auch noch für den Fluktuationsausgleich sorgen muss. Sicherlich kann man nicht alle Mitarbeiter zufriedenstellen, jeder hat seine eigene Vorstellung von einem optimalen Arbeitgeber. Man kann jedoch damit beginnen, die wesentlichen Punkte auszubessern, um zumindest etwas mehr Zufriedenheit in das Unternehmen zu bringen. Ein weiterer wesentlicher Faktor für die Fluktuation von Mitarbeitern sind die direkten Führungskräfte. Wenn sich Führungskräfte in Positionen befinden, die sie nicht optimal ausfüllen, führt dies zu einer großen Unzufriedenheit bei den Mitarbeitern. Hinzu kommt, dass der Markt im Moment viele neue und interessante Jobs bietet.

Sie merken, dass diese Gründe ihre Wurzeln vor allem in der Personalentwicklung haben. Wenn eine Personalentwicklung nicht richtig aufgebaut ist, wird eine gewisse Unzufriedenheit im Unternehmen bestehen. Da ich mich selbst in der Personalabteilung befinde und selbstverständlich die Beweggründe für eine Kündigung erlebe, wollte ich mich jedoch nicht nur auf diese Fakten und mein sog. Bauchgefühl verlassen.

Daher habe ich selbstinitiiert eine kleine anonyme Umfrage unter einigen Mitarbeitern und Führungskräften im Unternehmen durchgeführt. Mein Ziel war es, mehr Informationen in Bezug auf die Personalentwicklung, insbesondere das Karrieremodell, zu erhalten.

Die Umfrage habe ich mit dem Tool menti.com durchgeführt. Hierzu haben die Mitarbeiter und Führungskräfte zwei Fragen von mir erhalten, auf die sie mit einem Freitextfeld antworten konnten. Die Umfrage war komplett anonym, es war für mich also nicht möglich, über die Antworten auf einzelne Mitarbeiter oder Führungskräfte zurückzuschließen. Durch das Freitextfeld in dieser Umfrage wollte ich die unterschiedlichsten Reaktionen der Mitarbeiter und Führungskräfte auf das Karrieremodell deutlich darstellen.

Meine zwei Fragen für diese Umfrage an die Mitarbeiter und Führungskräfte lautete:

- Welche Rolle spielt ein Karrieremodell für mich persönlich?
- Was empfinde ich, wenn ich an das jetzige Karrieremodell denke? Aus diesem Grund empfinde ich so.

An dieser anonymen Umfrage haben insgesamt 72 Mitarbeiter und Führungskräfte teilgenommen. Bevor ich Ihnen die Ergebnisse dieser Umfrage zeige, möchte ich aufzeigen, was mit »jetzige Karrieremodell« (wie in der Frage oben erwähnt) gemeint ist. Das »jetzige Karrieremodell« bezog sich noch auf das Karrieremodell, welches vor der Einführung des neuen Modells vorhanden war. Damit Sie sich hier ein besseres Bild machen können, möchte ich Ihnen dieses Karrieremodell mit Abbildung 5 näherbringen.

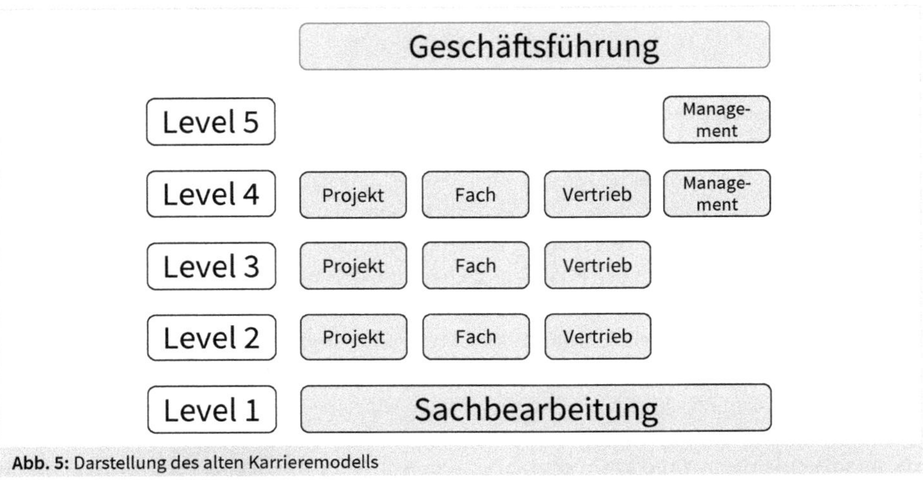

Abb. 5: Darstellung des alten Karrieremodells

Das »jetzige Karrieremodell« zeigt Ihnen ein sehr simples Modell. Es enthält zwar die Pfade, die passend für das Unternehmen sind. Jedoch ist es in den Pfaden nicht sehr aussagekräftig. In einem Unternehmen enthält der Pfad »Fachkarriere« die meisten Mitarbeiter und sollte daher so detailgenau ausformuliert werden wie möglich. Hierzu erfahren Sie später mehr. In diesem Karrieremodell jedoch wird auch die Fachkarriere sehr simpel gehalten. Zudem werden die meisten Mitarbeiter im Level 1 platziert. Die Jobtitel sind in diesem Karrieremodell ebenfalls nicht zu finden bzw. müssen dann später mühsam auf die jeweiligen Level passend gemacht werden.

Basierend auf diesem »jetzigen Karrieremodell« und den bisherigen Erfahrungen und Gefühlen der Mitarbeiter habe ich einige interessante Antworten auf meine erste Frage, »Welche Rolle spielt ein Karrieremodell für mich persönlich?«, erhalten. In Abbildung 6 möchte ich Ihnen eine Auswahl davon zeigen.

Zum Zeitpunkt der Befragung habe ich den befragten Mitarbeitern und Führungskräften keinerlei Definitionen zum Karrieremodell etc. zur Verfügung gestellt, um die persönliche Erfahrung nicht zu beeinflussen.

Abb. 6: Einige Ergebnisse auf die Frage: »Welche Rolle spielt ein Karrieremodell für mich persönlich?«

Die Antworten der Befragten bestätigten mich in meiner Beobachtung und meinem ›Bauchgefühl‹. Die meisten Antworten fielen eher negativ in Bezug auf das »jetzige Karrieremodell« aus. Die meisten Mitarbeiter und Führungskräfte haben entweder keinen oder einen sehr geringen Bezug zum Karrieremodell. Für die meisten ist das Karrieremodell nur einmal im Jahr bei dem Mitarbeitergespräch von Interesse. Darüber hinaus merkt man, dass das Karrieremodell die Mitarbeiter in deren Weiterentwicklung im Unternehmen nicht begleitet.

Außerdem liefern die Antworten der Mitarbeiter und Führungskräfte bei dieser Befragung noch einen weiteren, sehr interessanten Anhaltspunkt: Auch wenn viele keinen Bezug zu dem vorhandenen Karrieremodell haben, finden es dennoch viele Mitarbeiter und Führungskräfte wichtig, überhaupt ein Karrieremodell zur Verfügung zu haben. Diese Befragung würde ich demnach wie folgt zusammenfassen: Die wenigsten Mitarbeiter und Führungskräfte haben einen Bezug zu dem vorhandenen Karrieremodell, finden jedoch ein Karrieremodell wichtig und notwendig.

In diesem Buch möchte ich Ihnen nicht nur aufzeigen, wie ein funktionierendes Karrieremodell und damit eine funktionierende Personalentwicklung aussehen können, sondern auch Hintergründe zu einigen Punkten erklären. Vielleicht stellen Sie sich jetzt auch diese Fragen: Warum haben die Mitarbeiter keinen Bezug zu dem bestehenden Karrieremodell? Weshalb hat man kein Karrieremodell entworfen, welches genau diese kritischen Punkte bedenkt und abdeckt?

Die Antwort auf diese Fragen ist nicht sehr einfach zu geben. Gerne möchte ich jedoch meine Erfahrungen mit Ihnen teilen. Die meisten Karrieremodelle werden durch persönliche Berufserfahrung der Personalentwickler im Unternehmen und teilweise durch Fachliteratur erstellt. So gut wie jedes Unternehmen bzw. jedes Management ist sich darüber im Klaren, dass es eines Karrieremodells bzw. einer Personalentwicklung im Unternehmen bedarf. Es ist nicht allzu schwer, den Begriff Karrieremodell durch Recherchen im Internet zu definieren. Tatsache ist jedoch, dass es nicht ausreicht, ein Karrieremodell zu entwerfen und zu etablieren, wenn dieses dann vielleicht nicht zu dem jeweiligen Unternehmen passt. Hinzu kommt, dass – wie bereits mehrfach beschrieben – die einzelnen Elemente in der Personalentwicklung nicht immer miteinander verknüpft werden. Man entwirft ein Karrieremodell und passt dann z. B. die Jobtitel und Rollenbeschreibungen nicht darauf an. Der Trainingskatalog passt vielleicht nicht zum Karrieremodell und das Kompetenzmodell ist eventuell viel zu kompliziert aufgebaut.

Bitte verstehen Sie mich nicht falsch, ich möchte hier niemanden angreifen bzw. die Karrieremodelle einzelner Unternehmen schlecht darstellen. Ich teile lediglich meine Erfahrung aus 15 Jahren Personalarbeit mit Ihnen. Ich war lange Jahre auch in großen und internationalen Konzernen tätig und habe als Mitglied der Personalabteilung weder deren Karrieremodell geschweige denn die Personalentwicklung wirklich verstanden. Oft scheitern diese Themen auch an der Kommunikation und der Transparenz gegenüber den Mitarbeitern und Führungskräften.

Schauen wir uns die Antworten der Mitarbeiter und Führungskräfte zu der zweiten Frage, »Was empfinde ich, wenn ich an das jetzige Karrieremodell denke? Aus diesem Grund empfinde ich so.«, an. Auch hier habe ich Ihnen einige der Antworten in Abbildung 7 dargestellt.

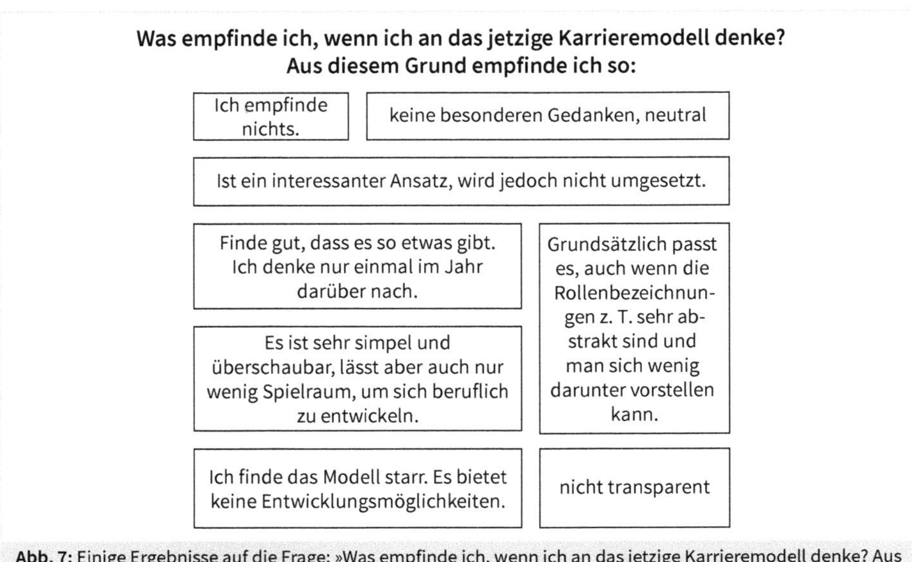

Abb. 7: Einige Ergebnisse auf die Frage: »Was empfinde ich, wenn ich an das jetzige Karrieremodell denke? Aus diesem Grund empfinde ich so.«

Eine emotionale Bindung zum Karrieremodell bzw. zur Personalentwicklung sei nach den Aussagen der Mitarbeiter und Führungskräfte, wie in der Abbildung 7 dargestellt, nicht wirklich vorhanden. Die Rede ist auch hier beispielsweise von zu wenig Spielraum im Karrieremodell, um sich individuell weiterentwickeln zu können. Die Kriterien zur Entwicklung auf das nächsthöhere Level seien nicht transparent genug. Dazu werden von den Befragten auch die Rollenbeschreibungen erwähnt, welche sehr abstrakt seien und unter denen man sich wenig vorstellen könne.

Unterschätzen Sie nicht die emotionale Bindung der Mitarbeiter und Führungskräfte an das Unternehmen oder in diesem Fall in die Personalentwicklung. Eine gute emotionale Bindung geht mit einer guten Mitarbeitermotivation einher und spiegelt sich wiederum definitiv im Unternehmenserfolg wider.

Ich hoffe, dass ich Ihnen deutlicher machen konnte, was meine Beweggründe für das Entwerfen eines neuen Karrieremodells waren, und dass dieses Thema essenziell für ein gutes Unternehmen ist. Mit meiner daraus gewonnenen Erfahrung möchte ich nun Ihnen helfen, auch Ihr Karrieremodell und Ihre Personalentwicklung zu revolutionieren.

Wie bereits in der Einleitung erwähnt, ist es mir mit meinem Ansatz gelungen, alle Elemente der Personalentwicklung miteinander zu vereinen. Gemeint sind hier die Elemente:

- Karrieremodell,
- Jobtitel,
- Rollenbeschreibung,
- Kompetenzmodell und
- Trainingskatalog.

Diese fünf Elemente der Personalentwicklung bestehen in den Unternehmen entweder schon vollständig oder existieren immerhin ansatzweise. Die Problematik besteht darin, dass man sich aber bisher wenig bis keine Gedanken darüber gemacht hat, diese Elemente miteinander zu verbinden. Es werden Karrieremodelle entwickelt, die zwar eine gewisse Weiterentwicklungsmöglichkeit für den Mitarbeiter aufzeigen, jedoch häufig nicht zu den Jobtiteln passen. Stellen Sie sich vor, Sie haben ein entsprechendes Karrieremodell in Ihrem Unternehmen. Dieses besteht sogar aus mehreren Leveln. In Ihrem Unternehmen gibt es sicher auch Jobtitel. Sie haben Mitarbeiter mit der Ergänzung »Senior« bei Ihnen beschäftigt (z. B. Senior Softwareentwickler). Welches Level hat nun dieser Mitarbeiter? Ist es Level 2 oder vielleicht Level 3? Mit diesem Beispiel möchte ich Ihnen verdeutlichen, dass an dieser Stelle das Zusammenspiel zwischen Karrieremodell und Jobtitel nicht funktioniert.

Gehen wir einen Schritt weiter und schauen uns die Rollenbeschreibungen an. Die wenigsten Unternehmen verfügen über Rollenbeschreibungen. Statt sich auf gut ausgearbeitete Rollenbeschreibungen zu fokussieren, wird die vorhandene Energie für die Gestaltung von Stellenausschreibungen genutzt, mit denen man dann entsprechende Bewerber anlocken möchte. Viel einfacher wäre es, wenn die Rollenbeschreibungen genutzt würden, um daraus dann die

Stellenausschreibungen zu erstellen. Die Problematik besteht aber auch hier darin, dass die Rollen genau definiert werden müssten. Jede Position muss also einen Platz im Karrieremodell haben und über einen passenden Jobtitel verfügen. Dann ist es auch möglich, die Rollenbeschreibungen entsprechend auszuformulieren.

In der Praxis ist dies jedoch sehr selten anzutreffen. Jede Personalabteilung und jedes Management ist sich darüber im Klaren, dass Rollenbeschreibungen benötigt werden, um auch selbst einen Überblick über die einzelnen Rollen zu haben bzw. aus der Beschreibung die optimale Besetzung zu generieren. Jedoch ist man häufig ziemlich überfordert mit den unterschiedlichsten Positionen, dem Karrieremodell und den Jobtiteln.

Ein Beispiel: Ich studiere berufsbegleitend und die in den Vorlesung anwesenden Studierenden stecken alle im Berufsleben. Während einer Vorlesung zum Fach Human Resources hat unsere Professorin die Studenten gefragt, wie viele von uns eine Rollenbeschreibung haben. Von über 50 Studenten haben sich damals nur zwei gemeldet. Diese kleine Umfrage unserer Dozentin hat mein Bauchgefühl gestärkt: Rollenbeschreibungen sind in der freien Wirtschaft eine Seltenheit. Sicherlich liegt es auch daran, dass das Denken überwiegt, die Erstellung von Rollenbeschreibungen würde viel Arbeit sein, und dass man nicht genau weiß, wie diese ausformuliert werden sollen.

Sind Rollenbeschreibungen nicht klar ausformuliert, bleibt oftmals das Thema Kompetenzen unbeachtet, denn über die klar definierten Rollenbeschreibungen kann man auch für jede Position Kompetenzen ableiten. Es gibt unterschiedlichste Kompetenzen, die relevant sein können. Sozialkompetenz, Methodenkompetenz und Fachkompetenz sind sicherlich die Wichtigsten, jedoch nicht die Einzigen, die man in Betracht ziehen muss.

Kennen Sie Ihre eigenen Kompetenzen? Setzt Ihr Arbeitgeber Ihre Kompetenzen entsprechend richtig ein? Wo liegen Ihre Schwachstellen und wie kann man diese stärken? Auf diese und weitere Fragen gibt es die richtigen Antworten mit einem gut funktionierenden Kompetenzmodell, welches mit dem Karrieremodell, den Jobtiteln sowie den Rollenbeschreibungen verknüpft ist.

Funktionieren die Elemente der Personalentwicklung – Karrieremodell, Jobtitel, Rollenbeschreibungen und Kompetenzmodell – optimal zusammen, kann man hieraus für jeden Mitarbeiter einen individuellen Trainingsplan ableiten. Die Personalentwicklung steht ja in erster Linie für die richtige Weiterentwicklung jedes einzelnen Mitarbeiters.

Viele Unternehmen bieten interne sowie externe Weiterbildungsmöglichkeiten an. Hierfür gibt es Plattformen und Ansprechpartner in der Personalentwicklung, die das Ganze organisieren und nachverfolgen. Jeder Mitarbeiter erhält ein entsprechendes Budget, um sich im jeweiligen Jahr weiterzubilden, und darf sich Trainings bzw. Kurse selbst heraussuchen. Die kritischen Fragen, die man sich hier stellen muss, lauten: Bringen diese Weiterbildungen bzw. Trainings sowohl dem Mitarbeiter als auch dem Unternehmen etwas? Inwieweit sind diese Weiterbildungsmöglichkeiten mit den jeweiligen Kompetenzen und Zukunftsplänen des Mitarbeiters verknüpft?

Sicherlich werden die Themen Kompetenzen und Trainingsplan eines Mitarbeiters in Konzernen anders bzw. professioneller gehandhabt als in kleineren Unternehmen. Das bedeutet jedoch nicht, dass der Mitarbeiter völlige Transparenz darüber besitzt. Ich selbst habe über elf Jahre in der Personalabteilung von sehr großen IT-Konzernen gearbeitet und kann nicht behaupten, dass ich deren Kompetenzmodell damals verstanden habe.

Das Ziel ist es hier, ein einfaches, verständliches und völlig transparentes Modell zu erschaffen, welches nur mit allen fünf Elementen der Personalentwicklung funktioniert. Im Zentrum dieses Modells steht immer das Karrieremodell. Davon ausgehend modellieren wir die vier anderen Elemente (s. Abb. 8).

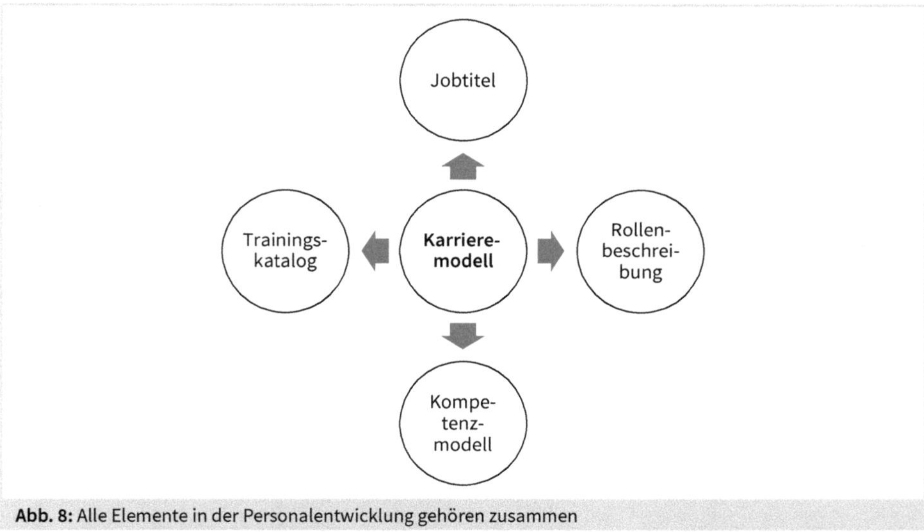

Abb. 8: Alle Elemente in der Personalentwicklung gehören zusammen

Sie fragen sich vermutlich, warum diese fünf Elemente miteinander harmonieren sollten? Diese Frage ist nicht ganz so einfach zu beantworten. Zum einen sorgen Sie dafür, dass das chaotische System im Unternehmen aufgeräumt wird und für alle Mitarbeiter eine Transparenz im Hinblick auf die Personalentwicklung herrscht. Auf der anderen Seite dient das Modell sicherlich, wie bereits in der Einleitung erwähnt, der Wirtschaftlichkeit des Unternehmens. Die Mitarbeiterzufriedenheit und die Loyalität werden damit zudem positiv beeinflusst.

Das Karrieremodell, die Jobtitel, die Rollenbeschreibungen, das Kompetenzmodell sowie der Trainingskatalog sind Elemente, die sich stets verändern und den Gegebenheiten im Unternehmen angepasst werden müssen. Da diese Elemente nicht starr sind, macht man sich dazu möglichst nicht nur einmal, sondern dauerhaft Gedanken und versucht das Ganze kontinuierlich zukunftsorientiert zu gestalten. Betrachten Sie aber nur ein oder zwei Elemente daraus, rücken die anderen Elemente in den Hintergrund oder werden gar vergessen. Benötigt man diese dann doch irgendwann, stellt sich meist schnell heraus, dass sie veraltet sind bzw. nicht mehr passen. Aus diesem Grund entwickelte ich dieses einmalige Modell, um die Personalentwicklung auf ein neues Level zu bringen.

3.1 Beispiele für Karriere- und Kompetenzmodelle aus der Praxis

Meine persönlichen Beweggründe für die Gestaltung eines Karrieremodells habe ich oben detailliert erklärt und Ihnen näher gebracht. Bevor ich mein Modell erläutere, möchte ich Ihnen reale Beispiele aus Unternehmen geben und hierbei aufzeigen, welche Problematiken ich dahinter sehe. Ich möchte niemanden kritisieren oder die Arbeit anderer schlecht darstellen. Es geht hier lediglich um die Analyse und die Wirkung der jeweiligen Karriere- und Kompetenzmodelle, die meine Beweggründe für die Gestaltung eines neuen Karrieremodells nochmals unterstreichen.

Konkret möchte ich Ihnen hier zwei Beispiele von Karrieremodellen zeigen, die ich bei Internetrecherchen gefunden habe. Auch Sie können hier gerne eigene Recherche durchführen. Geben Sie einfach das Wort »Karrieremodell« in Ihre Suchmaschine ein und schauen Sie sich die Treffer genauer an. Gemeint sind in diesem Zusammenhang nicht die Abbildungen in Lehrbüchern, diese sind meistens beispielhaft dargestellt und gehören nicht zu realen Unternehmen.

3.1.1 Beispiel 1: Karrieremodell für die Consulting-Laufbahn in Unternehmen A

Das erste Beispiel habe ich Ihnen in Abb. 9 zusammengestellt.

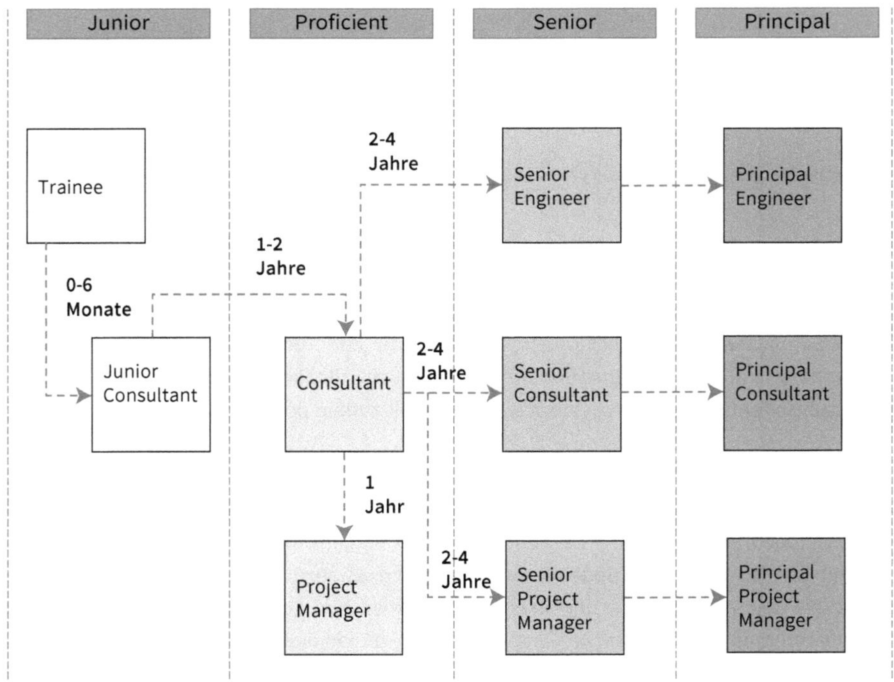

Abb. 9: Konkretes, reales Beispiel eines Karrieremodells in Unternehmen A

Bei diesem Beispiel handelt es sich um ein Karrieremodell für die Consulting-Laufbahn. Hier sind also die verschiedenen Stationen dargestellt, die ein Consultant von Beginn seiner Karriere bis zum höchsten Punkt erreichen kann. Es wurde in dieser Darstellung auf die Bezeichnung der Level verzichtet. Dafür werden die unterschiedlichsten Level im Titel dargestellt. Schön ist auch zu sehen, dass die Jobtitel hier integriert sind.

Verwirrend und nicht sehr ausgeklügelt finde ich zwei Punkte in diesem Karrieremodell:

1. Dieses Karrieremodell soll die Consulting-Laufbahn darstellen. Vermutlich werden die meisten Mitarbeiter als Consultants bezeichnet. Häufig sieht man dies auch in der IT-Branche. Jedoch ist hier unter dem Bereich »Proficient« neben dem Consultant nun ein Projektmanager hinzugekommen. Projektmanagement sollte jedoch eine andere Laufbahn bzw. einen anderen Karrierepfad darstellen, da sich hier die Tätigkeiten von dem des Consultants unterscheiden. Unter dem Bereich »Senior« taucht nun zum ersten Mal auch der »Senior Engineer« auf. Dieser war vorher der Consultant. Man kann sich also in diesem Modell eines Unternehmens von einem Consultant zu einem Senior Engineer entwickeln. Auch der Senior Engineer gehört aber in einen eigenen Karrierepfad bzw. eine eigene Laufbahn. Dieses Karrieremodell zeigt zwar, dass man sich in drei verschiedenen Bereichen entwickeln kann, jedoch kann dies auch zu Verwirrungen führen.
2. Für die Entwicklung in das nächsthöhere Level bzw. den nächsten Bereich sind hier vor allem bei »Junior« und »Proficient« Zeitangaben gemacht worden. Wenn diese Zeit mit dem personalisierten Weiterentwicklungsplan begleitet wird, können diese Zeitangaben Sinn ergeben. Leider liest sich das aus dieser Darstellung nicht heraus. Sollte es nicht der Fall sein und man setzt ausschließlich die Zeit als Faktor voraus, macht dies meiner Meinung nach keinen Sinn. Was passiert, wenn man zwei bis vier Jahre lang Consultant war? Wird man dann automatisch nach dieser Zeit zu einem Senior Consultant? Zum Thema Zeit werde ich Ihnen im Abschnitt 3.4.1 weitere Informationen geben.

Mein *Fazit* zu diesem Beispiel: Die Jobtitel sind hier integriert, jedoch leider keine Karrierelevels. Die Entwicklung der Mitarbeiter wird auf eine Art und Weise gewährleistet, zumindest kann man sich laut diesem Modell weiterentwickeln, jedoch sind keine Karrierepfade dargestellt, sondern der Schwerpunkt liegt auf der Seniorität, die laut dieser Darstellung mit der Zeit dann automatisch erreicht wird. Das Modell wirkt nicht sehr ausgeklügelt und für mich daher nicht einladend. Ich kann mir vorstellen, dass sich die Mitarbeiter hier nicht immer wiederfinden können. Was passiert beispielsweise mit Mitarbeitern, die im Bereich der Unternehmenssteuerung wie z. B. der Buchhaltung tätig sind? Haben diese Mitarbeiter keine Möglichkeit, sich auch weiterzuentwickeln?

3.1.2 Beispiel 2: Modell zur Entwicklung alternativer Karrierepfade

Schauen wir uns das zweite Beispiel an (siehe Abbildung 10).

Abb. 10: Modell zur Entwicklung alternativer Karrierepfade in Unternehmen B

Dieses Beispiel zeigt die mögliche Entwicklung alternativer Karrierepfade. Zunächst ist dies ein sehr guter Ansatz, da hier erkannt wird, dass es Sinn macht, alternative Karrierepfade zu erschaffen. Auch hier sind keine Levelangaben gemacht worden. Stattdessen hat man auch hier mit den Jobtiteln gearbeitet. Dabei fällt auf, dass bei der Führungskarriere insgesamt vier Ebenen existieren. Die Fach-/Expertenkarriere und die Projektkarriere bestehen aus nur drei Ebenen. Auffällig hier ist, dass die Fach-/Expertenkarriere auf insgesamt drei Jobtitel bzw. Jobtitelzusätze beschränkt ist. Vor allem die Fachkarriere sollte die größte Aufmerksamkeit, damit auch die höchste Vielfalt und die meisten Möglichkeiten für die Weiterentwicklungsmöglichkeiten bieten, da die meisten Mitarbeiter sich genau in diesem Bereich befinden.

Mein Fazit zu diesem zweiten Beispiel: Der Ansatz mit den drei Karrierepfaden ist gut, passt jedoch nicht genau mit den Jobtiteln zusammen. Außerdem sind die Karrierelevels nicht abgebildet. Darüber hinaus sollte die Fach- und Expertenkarriere viel breiter aufgestellt sein. Hier könnte man mit sogenannten »Unterpfaden« arbeiten. Die Idee des Modells ist gut, jedoch fehlt es in diesem Beispiel an Details und den möglichen Weiterentwicklungsmöglichkeiten. Klar ist hier auch nicht, ob man zwischen den Pfaden wechseln kann.

3.1.3 Beispiel 3: Abbildung der Laufbahn HR

Neben diesen zwei Beispielen für ein Karrieremodell aus der Praxis möchte ich Ihnen gerne noch ein Beispiel zeigen, das ich selbst erlebt habe.

Ich arbeitete damals in der Personalabteilung eines Unternehmens im Bereich Recruiting. Es war wie jedes Jahr Zeit für die jährlichen Mitarbeitergespräche, die in dem Jahr jedoch anders ausfielen als sonst. Unsere Personalentwicklung hatte ein neues Karrieremodell entwickelt, an dem die Kollegen schon seit einiger Zeit ›schraubten‹. Wir alle waren selbstverständlich sehr gespannt darauf, was uns nun erwarten würde. Das bestehende Karrieremodell fanden wir alle veraltet und es gab keinerlei Möglichkeit, sich im Unternehmen weiterzuentwickeln.

Die Personalentwicklung nutzte nun die jährlichen Mitarbeitergespräche, um das neue Karrieremodell zu implementieren und die Mitarbeiter in das neue Modell einzuordnen. Hierzu bekam jeder Mitarbeiter eine E-Mail. In dieser E-Mail war der neue Ablauf beschrieben und auch die Vorgehensweise festgelegt. Genau diesen Teil aus der E-Mail möchte ich Ihnen hier darstellen, damit Sie eine bessere Vorstellung davon gewinnen können:

> […] in dem beigefügten Excel-Dokument findet ihr die Dokumentationslogistik für die Mitarbeitergespräche. Die Datei enthält jeweils drei Tabellenblätter:
> 1. Gesprächsergebnis → auszufüllen durch die Führungskraft nach dem Gespräch
> 2. Einschätzung der Führungskraft vor dem Gespräch
> 3. Selbsteinschätzung des Mitarbeiters vor dem Gespräch
>
> Es ist unbedingt notwendig, euch im Rahmen dieser Selbsteinschätzung im Vorfeld auf das Gespräch vorzubereiten. Folgt dabei am besten diesem Ablauf:
> 1. Legt fest, in welchem Laufbahnbereich ihr euch seht.
> 2. Pro Laufbahnbereich existieren drei oder vier verschiedene Laufbahntypen. Entscheidet, wo ihr euch am ehesten einordnen würdet.
> 3. Ordnet euch nun einer konkreten Position zu. Als Grundlage dienen euch die jeweiligen Beschreibungen und Kompetenzanforderungen pro Position.
> 4. Öffnet die Excel-Datei und wählt für euren Laufbahnbereich das Tabellenblatt zur Mitarbeiter-Selbsteinschätzung.
> 5. Jetzt müsst ihr nur noch für eure gewählte Laufbahn die jeweiligen Ausprägungslevel (5 – Baseline bis 1 – Master) pro Kompetenz festlegen.

Diese E-Mail ging an alle Mitarbeiter im Unternehmen. Obwohl ich selber in der Personalabteilung arbeitete und sicherlich mehr Einblick in diese Themenfelder hatte, war ich zunächst einmal überfordert. Ich sollte mich selber einordnen und dann auch noch eine Selbsteinschätzung durchführen, die auf Kompetenzen beruht. Zwei Gedanken schossen mir in diesem Moment durch den Kopf:

1. Was haben Kompetenzen in erster Linie mit dem Karrieremodell zu tun?
2. Was genau ist mit 5 – Baseline bis 1 – Master gemeint?

Abb. 11: Abbildung der Laufbahn HR (Daten des Unternehmens C)

Da es für die Personalabteilung nur eine Laufbahn gab, waren die ersten beiden Punkte eher kein Problem. Wie kommen jedoch Mitarbeiter beispielsweise aus anderen Fachbereichen hier zurecht? Meine Laufbahn war also »HR«. Insgesamt waren fünf mögliche Positionen in der Laufbahn HR abgebildet (s. Abb. 11).

Hier sollte ich also meine Position auswählen, von der ich glaubte, dass diese zu mir passt. Eine kleine Hilfe waren die kurzen Beschreibungen, die zu den jeweiligen Positionen im HR mitgegeben wurden (s. Tab. 2).

Position	Beschreibung
HR Director	Du leitest einen größeren HR-Bereich oder Team in einer thematischen Spezialisierung. Du setzt die strategischen Ziele des Unternehmens in deiner eigenen Einheit um und bist verantwortlich für die Ergebnisse. Du identifizierst Optimierungspotenzial, setzt neue Prozesse auf und initiierst interne Projekte. Zudem verantwortest du den reibungslosen Ablauf deines gesamten Bereichs oder Teams. Du giltst intern und extern als Experte auf deinem Gebiet und dienst als erster Ansprechpartner. Du bist intern gut vernetzt und trägst auch im Kundenkontakt mit deiner Expertise zu Fragestellungen bei. Du rekrutierst und entwickelst proaktiv Mitarbeiter weiter und dienst als Mentor für dein Team.
HR Manager	Du bist verantwortlich für einen HR-Bereich oder Team in einer thematischen Spezialisierung. Du identifizierst Optimierungspotenzial, setzt neue Prozesse auf, steuerst interne Projekte und dienst als Eskalationsinstanz für ihren Ablauf. Zudem verantwortest du den reibungslosen Ablauf deines gesamten Bereichs oder Teams. Du giltst intern als Experte auf deinem Gebiet und dienst als erster Ansprechpartner. Du rekrutierst und entwickelst proaktiv Mitarbeiter weiter und dienst als Mentor für dein Team.

Position	Beschreibung
HR Expert	Du bist verantwortlich für die Bearbeitung von internen standardisierten HR-Prozessen. Zudem arbeitest du an strategischen internen Projekten mit und übernimmst eigene Verantwortung für Teilprojekte und Aufgaben. Du beginnst Optimierungspotenziale zu erkennen und verknüpfst erste vorhandene Prozesse und entwickelst diese ggf. weiter. Du arbeitest als Teil eines Teams, indem du die Abläufe von Prozessen abstimmst.
HR Professional	Du arbeitest selbstständig an Routineaufgaben und -prozessen und unterstützt HR-Kollegen bei der Umsetzung neuer Richtlinien, Prozesse und Projekte. Du bist Ansprechpartner für eigene Themen und übernimmst Aktivitäten rund um die Qualitätssicherung für diese. Du kennst die von der Geschäftsleitung erstellten strategischen Ziele und bist in der Lage, diese mit deinem eigenen Aufgabenbereich zu verknüpfen.
HR Specialist	Du entwickelst gerade die Kernverhaltensweisen und Kompetenzen, um das HR-Team zu unterstützen. Du bist in der Lage, ein Gleichgewicht der Prioritäten herzustellen und deine Zeit für Projekte und interne Aktivitäten einzuteilen. Du baust dein Verständnis für Prozesse aus und unterstützt diese weitestgehend eigenständig. Du beginnst das Team und das Unternehmen besser kennenzulernen und baust dein Verständnis für interne Abläufe stetig aus. Du arbeitest stets professionell und dienstleistungsorientiert meist auf Anweisung deines Vorgesetzten, beginnst jedoch schon eigene Prozesse selbstständig zu bearbeiten.

Tab. 2: Beschreibungen der Positionen in der Laufbahn HR des Unternehmens C

Gerne möchte ich meine Gedanken und Fragezeichen im Kopf mit Ihnen teilen, als ich damals versucht habe, diese Beschreibungen zu verstehen:

- Ich kann nicht genau erkennen, was der Unterschied zwischen dem HR Director und dem HR Manager ist. Hier wurden bei dem HR Manager einige wenige Passagen weggelassen, ansonsten handelt es sich jedoch um die gleiche Beschreibung.
- Weshalb sind in dieser Laufbahn auch Führungskräfte enthalten?
- Die Personalabteilung ist relativ breit aufgestellt, viele Mitarbeiter haben eine Spezialisierung. Warum gibt es nicht für jeden Bereich einen eigenen Pfad und eine eigene Beschreibung?
- Was versteht man konkret unter dem Wort »Experte«?

Zu diesem Zeitpunkt war es für mich nicht sehr einfach, mich hier auf einer HR-Position einzuordnen. Mir haben vom ›Gefühl‹ her noch einige Informationen und Erklärungen dazu gefehlt. Außerdem fand ich die Unterscheidung der jeweiligen Positionen auch nicht immer eindeutig. Ich entschied mich letztendlich zu diesem Zeitpunkt für die Position »HR Professional« und war darauf gespannt, was meine Führungskraft davon halten würde. Leider war es auch nicht wirklich möglich, eine gesteuerte Überleitung von dem alten Karrieremodell in das neue zu machen. In dem alten Karrieremodell waren Levels und Jobtitel ebenso angegeben, jedoch war hier kein Abgleich zwischen dem alten und neuen Karrieremodell vorgenommen worden. Der Transfer von dem alten zum neuen Modell war daher schwierig. Vermutlich tat ich mich mit der

Einordnung auch schwer, weil die Positionen eher oberflächlich beschrieben waren und eine Rollenbeschreibung gefehlt hat. Letztendlich hat man z. B. im Recruiting andere Aufgaben und Verantwortungen als beispielsweise in der Personalbetreuung.

Für meine Position waren nun auf einem weiteren Excel-Blatt zwei Arten von Kompetenzen angegeben: Basiskompetenzen und positionsspezifische Kompetenzen. Beide Kompetenzen waren nochmals in unterschiedliche Punkte untergliedert:

Basiskompetenzen:
- Grundlagen
  - Problemlösefähigkeit
  - Kommunikationsfähigkeit
  - Präsentationsfähigkeit
  - Moderationsfähigkeit
  - Entscheidungsfähigkeit
  - Selbstorganisationsfähigkeit
  - Konfliktfähigkeit
- Kundengewinnung & Entwicklung
- Leistungserbringung
- Innovationen & Weiterentwicklung
- Technologieverständnis und -einsatz
- Mitarbeiterführung
- Unternehmerisches Denken und Handeln

Positionsspezifische Kompetenzen:
- Geschäftsbeziehungen und internes Netzwerk
- Serviceorientierung
- Geschäftswissen
- HR-Expertise

Einige der Basiskompetenzen haben sich mir nicht erschlossen. Weshalb sollte jemand auf einer HR-Position beispielsweise die Kompetenz »Kundengewinnung & Entwicklung« mitbringen? Vor allem auf der Position, auf der ich mich zu diesem Zeitpunkt befand, erschloss es sich nicht. Zudem waren die Basiskompetenzen und positionsspezifischen Kompetenzen nicht im Detail erklärt worden, bzw. es war nirgendwo nachvollziehbar nachzulesen, was genau die einzelnen Kompetenzen aussagen sollten. Lediglich die einzelnen Ausprägungslevel (5 – Baseline bis 1 – Master) waren für die Basiskompetenzen und positionsspezifischen Kompetenzen dargestellt. Hier sollte man also anhand dieser Erklärungen selbst die Ausprägungslevel einschätzen und die jeweilige Zahl auf dem Bogen erfassen. Damit Sie sich ein besseres Bild davon machen können, wie diese Ausprägungslevel beschrieben wurden, habe ich Ihnen diese tabellarisch abgebildet (s. Tab. 3-19).

Ausprägungslevel	Beschreibung
Baseline (5)	Benennt und löst überschaubare Probleme des zugewiesenen Aufgabenbereichs überwiegend eigenständig.
Progressing (4)	Benennt, priorisiert und löst überschaubare Probleme des zugewiesenen Aufgabenbereichs eigenständig.
Proficient (3)	Benennt, priorisiert und löst komplexe Probleme eigenständig und unter Berücksichtigung der Zusammenhänge mit eng benachbarten Aufgabenbereichen. Sorgt dafür, dass komplexe, mehrschichtige Probleme des eigenen Verantwortungsbereiches gelöst werden.
Experienced (2)	Löst komplexe Probleme eigenständig und unter Berücksichtigung der Zusammenhänge mit anderen Unternehmensbereichen. Schafft eine Umgebung, in der komplexe, mehrschichtige Probleme gelöst werden, die eine erhebliche Auswirkung auf einen Teilbereich des Unternehmens haben.
Master (1)	Löst komplexe Probleme unter Berücksichtigung des unternehmerischen Gesamtzusammenhanges. Schafft eine Umgebung, in der komplexe, mehrschichtige Probleme gelöst werden, die eine erhebliche Auswirkung auf das Unternehmen haben.

Tab. 3: Beschreibung der Ausprägungslevel für die Basiskompetenz Problemlösefähigkeit von Unternehmen C

Ausprägungslevel	Beschreibung
Baseline (5)	Hört zu und stellt durch Nachfragen sicher, dass er den Sachverhalt richtig verstanden hat. Kommuniziert einfache Sachverhalte präzise und klar.
Progressing (4)	Kommuniziert komplexe Sachverhalte präzise, klar und dem Kommunikationspartner sowie der Situation angemessen.
Proficient (3)	Kommuniziert in schwierigen Situationen weitgehend sicher, überzeugend und unter Berücksichtigung kultureller Unterschiede.
Experienced (2)	Steuert Gespräche zielgerichtet und argumentiert auf unterschiedlichen Ebenen und in verschiedenen – auch schwierigen – Situationen.
Master (1)	Kommuniziert souverän und verhandlungssicher mit internen Führungskräften und/oder Kunden bis zur Vorstandsebene. Kommuniziert diplomatisch und sensibel mit Mitarbeitern und/oder Kunden auf allen Ebenen.

Tab. 4: Beschreibung der Ausprägungslevel für die Basiskompetenz Kommunikationsfähigkeit von Unternehmen C

Ausprägungslevel	Beschreibung
Baseline (5)	Präsentiert bekannte Themen geringen Umfangs im direkten Kollegenkreis flüssig und verständlich.
Progressing (4)	Präsentiert bekannte Themen mittleren Umfangs vor kleineren Gruppen aus Kollegen, direktem Management und Kunden auf Arbeitsebene überzeugend. Beantwortet Fragen zum Präsentationsinhalt sicher und findet nahtlos zurück zur Präsentation.

Ausprägungslevel	Beschreibung
Proficient (3)	Präsentiert bekannte Themen auch vor größeren Gruppen überzeugend und zielgruppengerecht – insbesondere auch in Akquisesituationen. Geht mit Einwürfen oder nicht erwarteten Nachfragen aus der Zuhörerschaft angemessen und konstruktiv um.
Experienced (2)	Präsentiert vor Kunden und wesentlichen Entscheidungsträgern souverän und zielgruppengerichtet – auch bei geringer Vorbereitungszeit und inhomogenen Zuhörergruppen. Präsentiert souverän und zielgruppengerichtet auch bei der Darstellung komplizierter und abstrakter Sachverhalte.
Master (1)	–

Tab. 5: Beschreibung der Ausprägungslevel für die Basiskompetenz Präsentationsfähigkeit von Unternehmen C

Ausprägungslevel	Beschreibung
Baseline (5)	Unterstützt bei der Vor- und Nachbereitung von Besprechungen und Workshops effizient.
Progressing (4)	Unterstützt als Co-Moderator von kleineren Gruppen aus Kollegen, direktem Management und Kunden auf Arbeitsebene aktiv bei der Steuerung von Besprechungen und Workshops. Wendet einfache Moderations- und Visualisierungstechniken in einzelnen Besprechungs-/Workshopphasen angemessen und sicher an.
Proficient (3)	Steuert und kontrolliert aktiv, zielorientiert und zielgruppengerecht Besprechungen und Workshops als Moderator von kleineren sowie als Co-Moderator von größeren Gruppen. Nutzt verschiedene Moderationstechniken zur Steuerung und Dokumentation angemessen und effizient, um ein von allen Teilnehmern akzeptiertes Ergebnis zu erreichen.
Experienced (2)	Steuert und kontrolliert aktiv, zielorientiert und zielgruppengerecht Besprechungen und Workshops von größeren, heterogenen Gruppen und erzielt konsensfähige Ergebnisse – auch in schwierigen, komplexen sowie kritischen Situationen.
Master (1)	Steuert und kontrolliert aktiv, zielorientiert und zielgruppengerecht Besprechungen und Workshops – auch in ungünstigen, krisenhaften Situationen mit hoher Geschäftsrelevanz – sowohl mit Geschäftsleitungsteams beim Kunden als auch mit sehr großen Gruppen.

Tab. 6: Beschreibung der Ausprägungslevel für die Basiskompetenz Moderationsfähigkeit von Unternehmen C

Ausprägungslevel	Beschreibung
Baseline (5)	Trifft eigenständig und nach sorgfältiger Analyse Entscheidungen, die seinen eigenen Arbeitsbereich betreffen.
Progressing (4)	Trifft Entscheidungen unter Berücksichtigung der Auswirkungen auf benachbarte Arbeitsbereiche und eskaliert angemessen.

Ausprägungslevel	Beschreibung
Proficient (3)	Plant und trifft Entscheidungen unter Berücksichtigung der Auswirkungen auf andere Arbeitsbereiche und eskaliert, wenn notwendig, an die zuständige Instanz.
Experienced (2)	Trifft umsichtig Entscheidungen in komplexem Umfeld unter Berücksichtigung der Auswirkungen auf nachgelagerte Prozesse der Unternehmensstrategie und bindet betroffene Arbeitsbereiche ein.
Master (1)	Trifft in komplexem Umfeld erfolgreich weitreichende Entscheidungen mit Auswirkungen auf die Unternehmensstrategie, auch wenn die Fakten nicht ausreichen, und sorgt für Konsens trotz unterschiedlicher Ansichten.

Tab. 7: Beschreibung der Ausprägungslevel für die Basiskompetenz Entscheidungsfähigkeit von Unternehmen C

Ausprägungslevel	Beschreibung
Baseline (5)	Arbeitet die ihm zugewiesenen Aufgaben effizient und fristgerecht ab.
Progressing (4)	Plant selbstständig seinen Zeitaufwand und erledigt die ihm zugewiesenen Aufgaben effizient und fristgerecht.
Proficient (3)	Plant und priorisiert die zur Erledigung seiner Aufgaben notwendigen Arbeitsschritte und delegiert, wenn sinnvoll.
Experienced (2)	Antizipiert eigenständig zeitliche bzw. aufgabenrelevante Konflikte und plant Aktivitäten zur Kontrolle möglicher Risiken.
Master (1)	Plant komplexe, simultane Aufgabenstellungen, steuert vorausschauend aufgabenrelevante Konflikte, erkennt Risiken und ergreift Gegenmaßnahmen.

Tab. 8: Beschreibung der Ausprägungslevel für die Basiskompetenz Selbstorganisationsfähigkeit von Unternehmen C

Ausprägungslevel	Beschreibung
Baseline (5)	Spricht Konflikte, die ihn selbst betreffen, offen an, um produktive Arbeitsbeziehungen sicherzustellen.
Progressing (4)	Spricht offensichtliche Konflikte des eigenen Arbeitsumfeldes offen an und unterstützt eine für alle zufriedenstellende Lösungsfindung.
Proficient (3)	Löst Konflikte des eigenen Arbeitsumfelds proaktiv und führt Konflikte zu einer für alle Beteiligten zufriedenstellenden Lösung.
Experienced (2)	Stellt sich auf unterschiedliche Gesprächspartner ein, steuert erfolgreich emotionale Situationen und führt eine für alle Parteien zufriedenstellende Lösung herbei.
Master (1)	Löst komplexe, parallele und geschäftskritische Konflikte zum allseitigen Vorteil sowohl innerhalb des eigenen Unternehmens als auch mit Kunden/Partnern.

Tab. 9: Beschreibung der Ausprägungslevel für die Basiskompetenz Konfliktlösungsfähigkeit von Unternehmen C

Ausprägungslevel	Beschreibung
Baseline (5)	Arbeitet kooperativ und engagiert mit anderen zusammen, um die Teamziele umzusetzen. Teilt Erfahrungen und Ideen mit seinem Team.
Progressing (4)	Sammelt erfolgreich erste Führungserfahrung im kleineren Umfang. Baut eigenständig Kooperationen auf, vermittelt deutlich die Ziele des Teams und motiviert erfolgreich andere Teammitglieder.
Proficient (3)	Führt ein kleineres bis mittelgroßes Team kooperativ und engagiert, delegiert Aufgaben entsprechend der Fähigkeiten seiner Mitarbeiter und gibt angemessen Feedback.
Experienced (2)	Führt und motiviert Teams in verteilten oder komplexen Umgebungen, reagiert sensibel auf die Bedürfnisse der Kollegen und bietet entsprechende Hilfestellungen an. Ermutigt aktiv und unterstützt die Weiterentwicklung der Mitarbeiter.
Master (1)	Führt und entwickelt Führungskräfte aus einer Vorbildrolle heraus. Identifiziert die geeigneten Mitarbeiter im Recruiting, setzt diese optimal zur Erreichung der Unternehmensziele ein und fördert die Entwicklung seiner Mitarbeiter unter Berücksichtigung der Unternehmensziele.

Tab. 10: Beschreibung der Ausprägungslevel für die Basiskompetenz Mitarbeiterführung von Unternehmen C

Ausprägungslevel	Beschreibung
Baseline (5)	Agiert im Kundenkontakt dienstleistungsorientiert, verbindlich und glaubwürdig.
Progressing (4)	Beantwortet und klärt Kundenanfragen in Standardsituationen und kommuniziert diese transparent und überzeugend. Erkennt eigenständig Optionen zur Geschäftsausweitung, weist darauf hin und wirkt an Angeboten mit.
Proficient (3)	Agiert initiativ im Kundenkontext, identifiziert Optionen zur Geschäftsausweitung. Vernetzt intern Kollegen und geht aktiv dem Kundenkontakt nach.
Experienced (2)	Identifiziert regelmäßig Optionen zur Geschäftsausweitung und neue Geschäftsbeziehungen, weist die Kollegen auf Optionen hin, vernetzt Kunde und Ansprechpartner. Erweitert stetig sein eigenes Netzwerk und gibt regelmäßig eigene Kontakte intern weiter.
Master (1)	Entwickelt strategisch wertvolle Partnerschaften mit Kunden und erstellt Angebote mit hoher Komplexität und geschäftskritischer Dimension. Erkennt Verbesserungsbedarf und Optionen innerhalb des eigenen Netzwerks und bietet entsprechende Lösungen an.

Tab. 11: Beschreibung der Ausprägungslevel für die Basiskompetenz Kundengewinnung & Kundenentwicklung von Unternehmen C

Ausprägungslevel	Beschreibung
Baseline (5)	Bringt das vorhandene Technologieverständnis entsprechend der Rolle und der bereitgestellten Dienstleistung fundiert ein. Baut das eigene Technologieverständnis zielgerichtet aus.
Progressing (4)	Nutzt das technologische Know-how des eigenen Bereichs effizient. Erweitert das eigene Technologieverständnis hinsichtlich Vollständigkeit oder verbundener Technologien systematisch.
Proficient (3)	Informiert sich permanent proaktiv über Änderungen der Technologie und die Auswirkungen auf den eigenen Bereich. Entwickelt und setzt praktische Lösungen im eigenen technologischen Bereich effizient ein.
Experienced (2)	Hat einen Überblick und geschäftsrelevante Erfahrungen in mehreren technologischen Bereichen. Nutzt sein umfangreiches Verständnis über mehrere technologische Bereiche effizient, um optimale Lösungen zu erreichen, die zum Geschäftserfolg beitragen können.
Master (1)	Tritt intern und extern als anerkannter Experte für das eigene technologische Fachgebiet auf und überzeugt dabei zielgruppengerecht. Setzt proaktiv in Industrieforen bzw. Öffentlichkeit bereichsübergreifend technologische Schwerpunkte, um die Technologieführerschaft zu stärken.

Tab. 12: Beschreibung der Ausprägungslevel für die Basiskompetenz Technologieverständnis und gezielte -nutzung von Unternehmen C

Ausprägungslevel	Beschreibung
Baseline (5)	Beschäftigt sich erkennbar mit dem eigenen Unternehmen und der Zielsetzung seines Bereiches und reflektiert die Anforderungen für seine Aufgabenbereiche.
Progressing (4)	Beschäftigt sich erkennbar mit dem eigenen Unternehmen und dessen Strategien und verknüpft diese mit der Zielsetzung seines Bereiches.
Proficient (3)	Beurteilt Chancen und Risiken für sein Team treffsicher und plant entsprechende Maßnahmen frühzeitig.
Experienced (2)	Beurteilt Chancen und Risiken einer Aufgabe auch in komplexem Umfeld und bei unklarer Faktenlage treffsicher und mutig. Berücksichtigt bei seinen Entscheidungen die Wirtschaftlichkeit und die notwendige Balance zwischen den Abteilungen.
Master (1)	Entwirft Strategien im komplexen Umfeld, beeinflusst maßgeblich das unternehmerische Handeln und setzt unternehmensweite Impulse.

Tab. 13: Beschreibung der Ausprägungslevel für die Basiskompetenz Unternehmerisches Denken und Handeln von Unternehmen C

Ausprägungslevel	Beschreibung
Baseline (5)	Agiert auf Basis gültiger Projektstandards und Regeln, setzt eigenständig Methoden zur Risikoidentifikation ein und trägt proaktiv zum Monitoring von Zeit und Kosten bei. Arbeitet entsprechend der definierten Anforderungen termingerecht auf Basis von Projektplänen.
Progressing (4)	Wendet Basiskenntnisse der Projektmanagementmethoden an und steuert selbstständig einfache Prozesse zur Risikoidentifikation und -lösung unter Berücksichtigung des Zeit- und Kostenaufwands. Entwickelt auf Basis von Kundenanforderungen selbstständig einfache Projektpläne oder Lösungen sach- und fristgerecht und trägt zielgerichtet zu Verbesserungen bei, die die Profitabilität erhöhen.
Proficient (3)	Wendet die Projektmanagementmethoden an und steuert komplexe Prozesse zur Problemidentifikation und -lösung unter Berücksichtigung von Zeit, Kosten und Nutzen – insbesondere bei notwendigen Änderungen. Entwickelt auf Basis komplexer Kundenanforderungen Projektpläne und Lösungen sach- und fristgerecht und setzt angemessene Maßnahmen zur Effizienzsteigerung um.
Experienced (2)	Legt realistische und durchführbare Erwartungen mit dem Kunden fest und steuert präzise das eigene Projekt oder die Dienstleistung unter Kosten- und Profitabilitätsaspekten. Geht adäquat auf die Anforderungen des Kunden ein.
Master (1)	Steuert effizient miteinander verknüpfte Projekte oder Programme von der Konzeption bis zur Implementierung. Legt auf Ebene der Entscheider bis hin zur Geschäftsführung realistische und durchführbare Erwartungen mit dem Kunden fest und stärkt dabei die Geschäftsbeziehung zum Kunden.

Tab. 14: Beschreibung der Ausprägungslevel für die Basiskompetenz Kommunikationsfähigkeit von Unternehmen C

Ausprägungslevel	Beschreibung
Baseline (5)	Macht präzise Verbesserungsvorschläge im eigenen Arbeitsumfeld und beteiligt sich an einfachen Themenarbeiten.
Progressing (4)	Macht in der Praxis anwendbare Verbesserungsvorschläge und wendet dabei gezielt Branchen- und Fachwissen sowie Kenntnisse über den Kunden an. Beteiligt sich an komplexen Themenarbeiten.
Proficient (3)	Interpretiert eigenständig interne/externe Geschäftsprobleme, entwickelt und implementiert Innovationen, die im Bezug zum eigenen Bereich stehen und die Geschäftsstrategie unterstützen. Verantwortet einfache Themenaufgaben.
Experienced (2)	Antizipiert interne/externe Geschäftsprobleme, entwickelt und implementiert bereichsübergreifende Innovationen, die die Geschäftsstrategie unterstützen. Verantwortet komplexe Themenarbeiten und vermarktet Innovationen an Manager und Kunden.
Master (1)	Fördert und steuert bereichsübergreifend ein Umfeld, in dem Innovationen stattfinden können. Vermarktet erfolgreich Innovationen an Manager und Kunden.

Tab. 15: Beschreibung der Ausprägungslevel für die Basiskompetenz Innovationsfähigkeit von Unternehmen C

Ausprägungslevel	Beschreibung
Baseline (5)	Vertritt das Unternehmen im eigenen Aufgabenbereich professionell nach innen und außen.
Progressing (4)	Eignet sich systematisch Kenntnisse über das Unternehmen (Organisation, Personen, Prozesse) an und integriert diese zielführend zur Erledigung seiner alltäglichen Aufgaben. Baut eigeninitiativ im eigenen Fachbereich professionelle Beziehungen intern und extern auf.
Proficient (3)	Baut aktiv sein Netzwerk intern und extern zum Nutzen beider Seiten weiter aus – auch außerhalb seines Aufgabenbereichs – und nutzt effizient sein fundiertes Wissen über die Organisation, Personen und Prozesse.
Experienced (2)	Baut sein Netzwerk bis auf Managementebene intern und extern professionell aus und sorgt dafür, dass diese Beziehungen die Zielerreichung seines Teams/Fachbereichs gewinnbringend unterstützen.
Master (1)	Baut sein Netzwerk bis auf Top-Managementebene intern und extern professionell aus und sorgt dafür, dass diese Beziehungen die Zielerreichung des eigenen Bereiches gewinnbringend unterstützen.

Tab. 16: Beschreibung der Ausprägungslevel für die positionsbezogenen Kompetenzen Geschäftsbeziehungen und internes Netzwerk von Unternehmen C

Ausprägungslevel	Beschreibung
Baseline (5)	Nimmt die Rolle des Dienstleisters positiv an und reflektiert sowohl die Qualität der Dienstleistung als auch eigene Handlungsweisen angemessen.
Progressing (4)	Agiert innerhalb der Grenzen des eigenen Dienstleistungsangebots angemessen und selbstständig und ist aktiv an dessen Qualitätsverbesserung beteiligt.
Proficient (3)	Erbringt die Dienstleistung seines Aufgabenbereiches situationsgerecht auf hohem Qualitätsniveau und entwickelt dieses stetig weiter.
Experienced (2)	Entwickelt die Dienstleistung seines Teams/Fachbereichs eigeninitiativ zur Zufriedenheit von internen/externen Kunden weiter.
Master (1)	Gestaltet die Dienstleistungen seines Verantwortungsbereichs strategisch, verknüpft diese mit der Unternehmensstrategie und vertritt sie überzeugend vor Managementebene und wichtigen Stakeholdern.

Tab. 17: Beschreibung der Ausprägungslevel für die positionsbezogene Kompetenz Serviceorientierung von Unternehmen C

Ausprägungslevel	Beschreibung
Baseline (5)	Entwickelt schnell ein Verständnis für die Zusammenhänge zwischen seinem Aufgabenbereich und den von ihm zu betreuenden Geschäftsbereichen. Entwickelt Verständnis für die wichtigsten Steuerungskennzahlen des von ihm betreuten Geschäftsbereichs.
Progressing (4)	Wendet seine fundierten Kenntnisse über die Zusammenhänge zwischen seinem Aufgabenbereich und den von ihm zu betreuenden Geschäftsbereichen zielgerichtet zu deren Betreuung an. Entwickelt fundiertes Verständnis, wie die wichtigsten Steuerungskennzahlen des von ihm betreuten Geschäftsbereiches ineinander spielen und welche Themen seines Aufgabenbereiches Einfluss auf diese haben.
Proficient (3)	Ist vertraut mit anderen Bereichen und setzt dieses Wissen gewinnbringend in seinem Aufgabenbereich ein. Agiert als fachlicher Ansprechpartner und kompetenter Berater auf Augenhöhe mit seinem zu betreuenden Geschäftsbereich. Treibt aktiv einzelne Themen seines Aufgabenbereichs voran, um einen positiven Effekt auf die Steuerungskennzahlen des von ihm betreuten Geschäftsbereiches zu erzielen.
Experienced (2)	Erkennt schnell neue Chancen im eigenen sowie dem zu betreuenden Bereich und treibt deren Umsetzung im eigenen Team/Fachbereich erfolgreich voran. Initiiert und entwickelt HR-Initiativen, die einen positiven Einfluss auf die Steuerungskennzahlen des von ihm betreuten Geschäftsbereichs haben.
Master (1)	Integriert bei der operativen sowie strategischen Gestaltung der Dienstleistungen seines Bereichs die kurz- und mittelfristigen unternehmerischen Gesamtziele erfolgreich. Entwickelt Strategien und Konzepte, welche nachhaltigen, positiven Einfluss auf die Steuerungskennzahlen des von ihm betreuten Geschäftsbereiches haben.

Tab. 18: Beschreibung der Ausprägungslevel für die positionsbezogene Kompetenz Geschäftswissen von Unternehmen C.

Ausprägungslevel	Beschreibung
Baseline (5)	Baut systematisch Know-how in HR-Themen und Prozessen auf. Entwickelt Expertise in den entsprechenden HR-Systemen.
Progressing (4)	Wendet die für den HR-Bereich relevanten und definierten Prozesse, Methoden und Instrumente sicher und flexibel an. Entwickelt Verständnis für (arbeits-)rechtliche Auswirkungen von HR-Maßnahmen. Unterstützt zielführend in HR-Initiativen/-Projekten.
Proficient (3)	Entwickelt fundierte Expertise für seinen Aufgabenbereich. Leitet eigenverantwortlich HR-Initiativen und ist (Teil-)Projektleiter in HR-Projekten.

Ausprägungslevel	Beschreibung
Experienced (2)	Entwickelt tiefgehende HR-Fachexpertise und vermittelt diese überzeugend in HR-Konzepten und/oder bei der Beratung von internen Kunden zielgruppengerecht bis auf Managementebene. Ist verantwortlich für einen definierten Aufgabenbereich, überblickt vorausschauend Entwicklungen auf diesem Gebiet und schätzt deren Folgen zutreffend ein. Leitet effizient Projekte in komplexen HR-Umfeldern.
Master (1)	Tritt souverän bei den verschiedenen Zielgruppen als anerkannter umsetzungsstarker HR-Fachexperte bis auf Top-Managementebene auf. Verantwortet die Erreichung seiner Bereichsziele und vertritt diese überzeugend und zielgruppengerecht bis auf Top-Managementebene. Verantwortet die passende strategische Ausrichtung und Ableitung von benötigten Projekten, um die Erreichung von Bereichszielen von größeren Bereichen aktiv zu unterstützen. Leitet effizient unternehmensweite Projekte.

Tab. 19: Beschreibung der Ausprägungslevel für die positionsbezogene Kompetenz HR-Expertise von Unternehmen C

Diese Basiskompetenzen sowie positionsspezifischen Kompetenzen für meine Position und deren Ausprägungslevel (5 – Baseline bis 1 – Master) habe ich Ihnen bewusst so detailliert in diese Tabellen 3-19 eingefügt, damit Sie ein Beispiel aus der Praxis sehen können. Ich habe mich damals zu diesem Zeitpunkt meiner Berufslaufbahn sehr schwer damit getan, trotzt der Beschreibungen der Ausprägungslevel eine Einschätzung für mich vorzunehmen. Mir hat einfach meine eigene Rollenbeschreibung gefehlt und ich habe es bis heute nicht verstanden, weshalb man hier bereits das Kompetenzmodell und das Karrieremodell vermischt, ohne die jeweiligen Positionen und Aufgabenbeschreibungen vorher zu definieren bzw. zu klären. Später habe ich daraus die Kenntnis gewonnen, dass die Ausprägungslevel 5 bis 1 im Grunde grob den Karrierelevels entsprechen, denn in der HR-Laufbahn sind genau fünf Positionen vorhanden.

Zurück zum Beispiel: Man sollte nun seine Einschätzung mit der Hilfe der Ausprägungslevel auf einem Bogen je Basiskompetenz und positionsbezogener Kompetenz erfassen. Daraus resultierte dann anschließend die Erkenntnis, ob man zur bisher eingenommenen Position wirklich passt oder nicht. Wie sich jedoch die Auswertung damals gestaltet hat, wurde nicht offengelegt. Ich konnte mich nicht mit diesem Modell identifizieren, obwohl ich den Ansatz eigentlich für ganz gut befunden hatte. Einige der ausgewählten Kompetenzen waren sehr schwer zu greifen und daher unverständlich. Wenn ich im HR-Umfeld tätig bin, benötige ich z. B. sicherlich ein technologisches Wissen, um meine relevanten Tools etc. bedienen zu können. Jedoch benötige ich keine tiefgehenden Programmierfähigkeiten, da ich nicht in der Softwareentwicklung tätig bin.

Zumindest hatte man in meinem damaligen Unternehmen Laufbahnen entworfen. Die einzelnen Positionen wurden jedoch nicht explizit beschrieben. Die einzigen Anhaltspunkte waren die Erklärungen der einzelnen Kompetenzen und die Ausprägungslevel.

Es gab auch eine Kompetenzübersicht, der man entnehmen konnte, bei welcher Kompetenz welches Ausprägungslevel relevant war. Diese Kompetenzübersicht sah für die Basiskompetenzen in etwa so aus wie in Tabelle 20.

Basiskompetenz	HR Specialist	HR Professional	HR Expert	HR Manager	HR Director
Problemlösefähigkeit	5	4	3	2	1
Kommunikationsfähigkeit	5	4	3	2	1
Präsentationsfähigkeit	5	4	3	2	1
Moderationsfähigkeit	5	4	3	2	1
Entscheidungsfähigkeit	5	4	3	2	1
Selbstorganisationsfähigkeit	5	4	3	2	1
Konfliktfähigkeit	5	4	3	2	1
Kundengewinnung & Entwicklung	5	4	3	2	1
Leistungserbringung	5	5	4	3	2
Innovationen & Weiterentwicklung	5	4	3	2	1
Technologieverständnis und -einsatz	5	5	4	3	2
Mitarbeiterführung	5	4	3	2	1
Unternehmerisches Denken und Handeln	5	4	3	2	1

Tab. 20: Kompetenzübersicht und Darstellung der Ausprägungslevel je HR-Position von Unternehmen C

Ergänzend dazu sah die Kompetenzübersicht für die positionsbezogenen Kompetenzen in etwa so aus wie in Tabelle 21.

Basiskompetenz	HR Specialist	HR Professional	HR Expert	HR Manager	HR Director
Geschäftsbeziehungen und internes Netzwerk	5	4	3	3	2
Serviceorientierung	4	3	2	2	1
Geschäftswissen	5	4	3	3	2
HR-Expertise	5	4	3	2	1

Tab. 21: Kompetenzübersicht und Darstellung der Ausprägungslevel je HR-Position von Unternehmen C

Konkret bedeutet diese Kompetenzübersicht eigentlich nichts anderes als die Ausprägungslevel aussagen. Jemand, der im Bereich »HR Specialist« tätig ist, hat ein Basiswissen und es reicht auch für dieses »Level« aus, wenn man ein Basiswissen in den einzelnen Kompetenzen mitbringt. Das Höchste, was für den »HR Specialist« verlangt wird, ist »Progressing«. Der »HR Director« hingegen muss in allen Kompetenzbereichen entweder »Experienced« erreichen oder dann »Master«. Dies gilt auch für Kompetenzen wie z. B. Technologieverständnis und -einsatz. Für mich ergibt das Ganze so keinen Sinn. Bei diesem Beispiel sollte man bei der Kompetenz Technologieverständnis und -einsatz ein »Proficient« oder gar einen »Progressiv« vergeben. Eine Überlegung wäre es auch hier, diesen Punkt aus den HR-Positionen herauszulassen. Letztendlich macht es keinen Sinn, hier eine Bewertung zu durchführen. Ich bin außerdem der Überzeugung, dass die Führungskräfte hier (HR-Manager und HR-Director) eine andere Kompetenzauswahl benötigen. Dies gilt auch für die einzelnen HR-Positionen im Einzelnen, man kann und sollte nicht alle HR-Positionen in nur einem Pfad bzw. einer Laufbahn zusammentragen und die Titel dementsprechend auch nicht anpassen.

Ich möchte nochmals verdeutlichen, dass ich nicht das Ziel verfolge, diverse Karriere- und Kompetenzmodelle schlecht darzustellen. Ich habe nach Möglichkeiten gesucht, um Ihnen zu verdeutlichen, aus welcher Intention dieses Buch und die Inhalte entstanden sind. Ich hoffe, ich konnte Ihnen dies mit diesen lebhaften Beispielen etwas näher bringen und habe bei Ihnen hierfür die richtigen Gefühle aktiviert.

3.2 Das Modell

Nach einer sehr langen einleitenden Phase möchte ich Ihnen nun endlich das von mir entworfene Karrieremodell darstellen und Ihnen so detailliert wie möglich die Hintergründe erläutern. Dies ist notwendig, bevor wir mit der Entwicklung des Modells starten. In weiteren Verlauf dieses Kapitels geht es hauptsächlich um die Vermittlung des theoretischen Wissens rund um das Karrieremodell.

Das von mir entwickelte Karrieremodell hat insgesamt sechs Level. Die Berufseinsteiger – also »Young Professionals« – starten bei dem untersten Level, dieses wäre hier Level 1. Das oberste Management (bei mir: CEO und COO) befindet sich in Level 6. Neben den Levels gibt es die sogenannten Karrierepfade. Alle Begrifflichkeiten habe ich Ihnen in Kapitel 2 erläutert und definiert.

Die Karrierepfade bestehen aus: Fachkarriere, Projektkarriere, Managementkarriere und Vertriebskarriere. Diese Karrierepfade sind in den meisten Unternehmen ausreichend für die Darstellung der unterschiedlichsten Rollen. Wenn Sie jedoch in Ihrem Unternehmen Bedarf an einem weiteren Pfad sehen, fügen Sie diesen gerne hinzu. Das ändert nichts an der Vorgehensweise bzw. beeinflusst nicht das Modell. Zur Erinnerung sei hier nochmal auf die Visualisierung des Modells in Abbildung 2 verwiesen.

Die meisten Karrieremodelle in den Unternehmen haben diese Karrierepfade bzw. diese »Unterteilungen«. Was jedoch bisher so gut wie noch unbekannt ist, sind die sogenannten »Unterpfade«. Diese Unterpfade sorgen dafür, dass das Karrieremodell detaillierter und strukturierter wird.

In den folgenden Abschnitten erfahren Sie mehr über das Karrieremodell und die einzelnen Elemente sowie deren Funktion.

3.3 Weshalb das Karrieremodell aus nur sechs Leveln besteht

Immer wieder werde ich gefragt, weshalb mein Karrieremodell nur aus sechs Leveln besteht. Stelle ich die Gegenfrage: »Aus wie vielen Leveln sollte denn ein Karrieremodell bestehen?«, erhalte ich meistens keine genauen Antworten oder ein Schulterzucken.

Die Frage ist jedoch berechtigt und man sollte sich überlegen, weshalb man ein Karrieremodell mit genau sechs Leveln entwirft. Theoretisch könnte man auch viel mehr Level benutzen. Davon würde ich aber abraten, da dies nur Ungenauigkeit und Unruhe in das Modell hineinbringen würde. Je mehr Level man in ein Karrieremodell einbaut, desto mehr Beschreibungsaufwand muss man betreiben. Die einzelnen Level müssen sorgfältig ausformuliert werden, um den Mitarbeitern aufzuzeigen, wie diese auf die verschiedenen Level gelangen können und welche Qualifizierungsvoraussetzungen vonnöten sind.

Mehr Level in ein Karrieremodell einzubauen, bedeutet nicht, dass sich die Mitarbeiter dadurch besser weiterentwickeln können. Die Mitarbeiter könnten zwar schnell auf das nächsthöhere Level wechseln, jedoch würde dies insgesamt nichts an der Situation ändern, dass das Erlangen des höchsten Levels dennoch seine Zeit benötigt.

Ich habe mir intensiv Gedanken darüber gemacht, ob es überhaupt ein Optimum an Karriereleveln geben kann. Nach vielen Recherchen kann ich Ihnen mitteilen, dass es das nicht gibt. Die Karrierelevel spiegeln den Bedarf des Unternehmens gepaart mit den Unternehmenszielen wider. Meine sechs Level basieren auf dem Versuch, die vorhandenen Hierarchielevel im Unternehmen bestmöglich mit den Leveln in der Fachkarriere zu kombinieren. Meine Gedanken dazu werden Sie im Laufe dieses Buches erfahren und dadurch meine Beweggründe dafür auch besser nachvollziehen können.

Es bleibt Ihnen überlassen, ob Sie mehr Karrierelevel in Ihr Modell einbauen möchten. Bedenken Sie jedoch, dass jedes Karrieremodell irgendwo ein Ende bzw. ein höchstes Level haben muss. Ich habe versucht, das Karrieremodell so logisch und nachvollziehbar wie möglich zu gestalten. Die sechs Level basieren zum einen auf den Hierarchiestufen im Managementpfad (Teamleiter, Fachabteilungsleiter, Bereichsleiter und Geschäftsführung) und zum anderen analog dazu auf der möglichen Entwicklung der Mitarbeiter.

Ist Hierarchie heutzutage wirklich noch wichtig?
»An wen werde ich denn direkt berichten?«. Diese Frage stellte mir ein Bewerber während eines Vorstellungsgesprächs. »Stellen Sie diese Frage, weil Sie wissen möchten, wer Ihr direkter Vorgesetzter ist? Oder möchten Sie wissen, in welcher Hierarchieebene Sie sich befinden?«, lautete meine Rückfrage an den Bewerber. Das mag für Sie zunächst provozierend klingen, das war jedoch nicht meine Absicht. Während dieses Gesprächs hatte sich schon einige Male herauskristallisiert, dass der Bewerber sehr auf seine Einordnung in die Hierarchieebene bedacht ist.

Warum aber ist das so? Weshalb sind in den meisten Köpfen diese Hierarchieebenen verankert und diese Ansichten nur sehr schwer zu durchbrechen? Vermutlich ist das schon in unserer genetischen Ausprägung begründet und wird von Generation zu Generation weitergeben. Die ersten Menschen waren vor allem darauf bedacht zu überleben und auch die Generationen vor uns waren darauf bedacht zu überleben. Überlebt haben aber nur diejenigen, die am stärksten, mächtigsten oder reichsten waren. Vermutlich verknüpfen wir intuitiv genau dieses Phänomen mit den heutigen Hierarchieebenen. Diejenigen, die auf den oberen Hierarchieebenen positioniert sind, sind am ›stärksten und mächtigsten‹. Diese Personen strahlen Macht und Stärke aus und ihnen sollte man sich untergeben. Selbstverständlich möchte ich auch hier nicht über alle Menschen hinweg zu sehr verallgemeinern. Es gibt immer andere Denkweisen und Personen, denen die Hierarchieebenen egal sind. Die meisten von uns jedoch fühlen sich vermutlich ertappt und werden mir wahrscheinlich in den meisten Punkten recht geben. Ich möchte hier auch nicht über die Notwendigkeit von Hierarchieebenen berichten, es ist allerdings wichtig, dass die Abteilung bzw. das Unternehmen korrekt geleitet wird und den Mitarbeitern eine »Laufrichtung« aufgezeigt wird.

Mir geht es vorliegend primär um die Hierarchieebenen innerhalb von Abteilungen und zwischen der direkten Führungskraft und dem sehr erfahrenen Mitarbeiter. In der Regel ist die Führungskraft der disziplinarische Vorgesetzte und für den erfahrenen Mitarbeiter verantwortlich. Die Führungskraft hat ein höheres Level im Karrieremodell als der Mitarbeiter. Warum aber ist das so angelegt? Beispielsweise hat eine Führungskraft in der Managementkarriere das Level 4. Warum kann ihr erfahrener Mitarbeiter nicht auch das Level 4 in der Fachkarriere haben? Sicherlich sieht es im ersten Moment so aus, als wären beide auf demselben Level. Jedoch sind beide in unterschiedlichen Karrierepfaden untergebracht und dementsprechend lösen beide andere Aufgaben und tragen jeweils Verantwortungen in ihrer Rolle. Und genau das ist der entscheidende Faktor!

Merke

Eine Führungskraft kann sich auf Level 3 in der Managementkarriere befinden und dennoch Mitarbeiter disziplinarisch führen, die sich in der Fachkarriere auf Level 4 befinden.

Hier muss man sicherlich ein Umdenken in den Köpfen anstoßen. Wichtig ist auch, dass Sie dies immer wieder im Unternehmen zur Sprache bringen. Der Fokus liegt ganz deutlich auf dem, was die jeweiligen Mitarbeiter und Führungskräfte ausüben und welche Verantwortung sie in der jeweiligen Rolle tragen.

Hier spielt die Kommunikation insbesondere zu den Führungskräften eine ganz große Rolle. Die Mitarbeiter in der Fachkarriere, die sich auf demselben Karrierelevel wie die Führungskraft befinden oder sogar auf dem Level darüber sind, sind keine Bedrohung für die Führungskraft. Die Karrierelevel spiegeln lediglich die Erfahrung, Fähigkeit und Verantwortung wider.

3.4 Karrierepfade und Unterpfade

Die meisten Mitarbeiter werden sich im Pfad »Fachkarriere« wiederfinden. In diesem Karrierepfad befinden sich nicht nur die Mitarbeiter, die für das Kerngeschäft im Unternehmen verantwortlich sind (Softwareentwickler, Produktionsmitarbeiter etc.), sondern auch die Mitarbeiter, die sich in den zentralen Diensten (Cross Functions) – wie z. B. Einkauf, Buchhaltung, Finanzen etc. – befinden.

Um das Karrieremodell so detailliert und transparent wie möglich darzustellen, müssen Sie die Pfade wie einen Fächer aufklappen. Hieraus ergeben sich dann sogenannte Unterpfade. Die Unterpfade habe ich in meinem Modell nach der Fachlichkeit benannt. Um dies genauer zu erläutern, möchte ich Ihnen hier gerne einige Beispiele geben: Der Softwareentwickler befindet sich demnach im Unterpfad »Software«, der Hardwareentwickler befindet sich im Unterpfad »Hardware« und der Personalreferent ist im Unterpfad »Human Resources« wiederzufinden.

Diese Unterpfade werden Sie in der Fach- sowie Vertriebskarriere wiederfinden. In meinem Modell habe ich für die Pfade »Management« sowie »Projekt« keine Unterpfade verwendet, da in meinem Karrieremodell hierfür keine Notwendigkeit bestand. Sollte dies bei Ihnen der Fall sein, können Sie auch bei diesen beiden Pfaden Unterpfade hinzufügen. In Abbildung 12 sehen Sie genauer, was mit den Unterpfaden gemeint ist.

Abbildung 12 zeigt Ihnen ein Beispiel mit vier Unterpfaden unter dem Pfad Fachkarriere. Mein Karrieremodell besitzt aktuell 27 Unterpfade im Pfad Fachkarriere und ist jederzeit um weitere Unterpfade erweiterbar bzw. reduzierbar. Es ist daher auch für die Zukunft optimal ausgelegt.

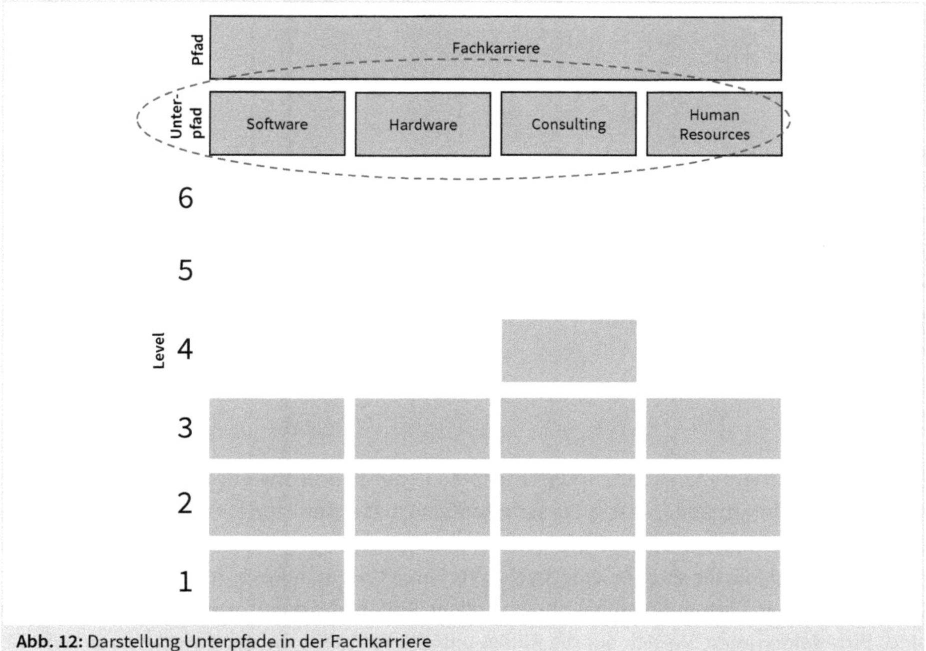

Abb. 12: Darstellung Unterpfade in der Fachkarriere

Bitte schränken Sie sich bei der Entwicklung der Unterpfade nicht ein, es gibt hier keine Grenzen. Ziel ist es, Ihrerseits alle möglichen Rollen in diesen Unterpfaden abzubilden. Jeder Mitarbeiter in der Fachkarriere soll sich wiederfinden können. Machen Sie sich keine Gedanken über zu viele Unterpfade oder gar über eine Unübersichtlichkeit. Die Unterpfade werden im Gegenteil dazu dienen, eine Übersichtlichkeit in Ihr Modell zu bringen.

Gerne möchte ich Ihnen meine verwendeten Unterpfade in der Fachkarriere hier auflisten.

- Produktion
- Software
- Hardware
- Testing
- Consulting
- Systemintegration
- Systems Engineering
- Architektur
- Build- and Configuration Management
- Software Consulting
- Customer Support
- IT-Administration
- Qualitätsmanagement
- Finanzen

- Buchhaltung
- Auftragsabwicklung
- Controlling
- Einkauf
- Facility
- Human Resources
- Recruiting
- Human Resources Services
- Human Resources Development
- Grafik- und Multimediadesign
- Online-Marketing
- Digitalisierung
- Assistenz

Da ich mein Karrieremodell für ein Unternehmen in der IT-Branche entwickelt habe, sind gut ein Drittel der Unterpfade IT-lastig. Sie sehen anhand dieser Auflistung, dass auch Bereiche wie der Einkauf, Buchhaltung etc. aufgeführt sind. Bitte beachten Sie, dass hier nicht die einzelnen Abteilungen aufgelistet sind. Beispielsweise im Bereich Human Resources gibt es gleich vier Unterpfade, da in diesem Bereich unterschiedliche Rollen und damit auch Jobtitel vorhanden sind. Bitte fokussieren Sie sich auf die Rollen und die Jobtitel in Ihrem Unternehmen. Wie Sie eine Auflistung genau erstellen und sich einen Überblick verschaffen können, um dann alle möglichen Unterpfade zu entwickeln und auszuwählen, können Sie im Kapitel 4 nachlesen.

Sicherlich ist Ihnen auch aufgefallen, dass in der Abbildung die Level 5 und 6 und teilweise das Level 4 nicht belegt sind. Die einzelnen Level stehen dafür, dass sich die Verantwortung des Mitarbeiters entsprechend verändert und sicherlich die Seniorität zunimmt. Beachten Sie jedoch, dass nicht jeder Pfad bzw. Unterpfad immer alle Levels ausfüllen kann. Wenn Sie beispielsweise in der Buchhaltung, in der Softwareentwicklung oder einer ähnlichen Tätigkeit beschäftigt sind, werden Sie im Laufe Ihrer Karriere einen früheren Endpunkt erreichen. Es gibt viele Mitarbeiter, die sich genau damit wohl fühlen und die höchste Seniorität in ihrem Unterpfad genießen. Es gibt auch Mitarbeiter, die sich weiterentwickeln wollen und somit einen anderen Pfad – teilweise auch außerhalb der Fachkarriere – einschlagen möchten. Für solche Mitarbeiter bietet dieses Karrieremodell die optimale Entwicklungsperspektive.

Neben Unterpfaden, die drei Level anbieten, gibt es auch Unterpfade, die bis zu vier Level anbieten. In meinem Beispiel bietet der Unterpfad Consulting insgesamt vier Level an. Dies resultiert wie oben beschrieben aus der möglichen Erfahrung und Verantwortung, die hier ein Mitarbeiter einbringen und besitzen kann. Der Bereich Consulting beispielsweise ist ein Feld, in dem man je nach Branche mehr Verantwortung (ggf. auch Umsatzverantwortung) übernehmen kann. Sie sollten mit Ihren Stakeholdern und Ihrem Auftraggeber genau diese Rollen und Unterpfade passend für Ihr Unternehmen festlegen und diskutieren. Eine klare Vorgabe hierzu kann es nicht geben und sollte innerhalb eines Unternehmens individuell festgelegt werden.

Erklären Sie Ihren Stakeholdern und Ihrem Auftraggeber wie oben beschrieben die Gründe für die Festlegung der Levels je Unterpfad. Sie werden in den kommenden Kapiteln hierzu noch einiges an Informationen erhalten.

Für den Pfad Vertriebskarriere habe ich in meinem Modell insgesamt drei Unterpfade verwendet und möchte Ihnen diese anhand von Abbildung 13 aufzeigen.

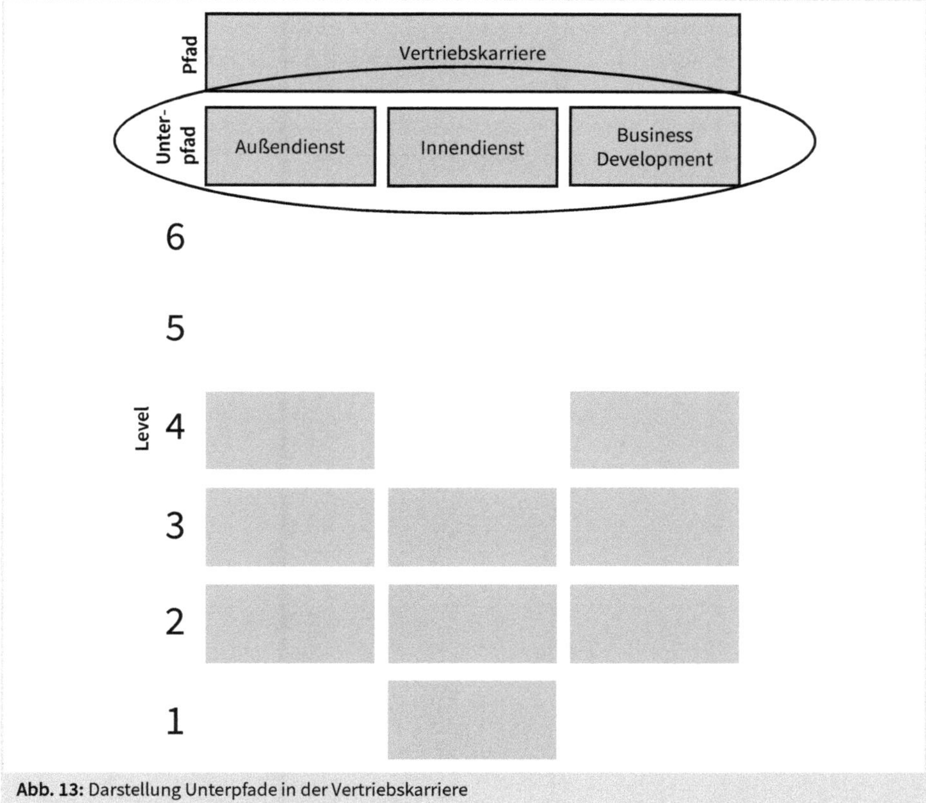

Abb. 13: Darstellung Unterpfade in der Vertriebskarriere

Sollten Sie für diesen Pfad mehr als drei Unterpfade benötigen, fügen Sie diese gerne hinzu. In meinem Modell besteht die Vertriebskarriere aus nachfolgenden Unterpfaden:

- Außendienst
- Innendienst
- Business Development

Hier sehen Sie, dass bei dem Unterpfad Außendienst sowie Business Development kein Level 1 abgebildet sind. Das Level 1 beschreibt in der Regel den Einstieg in eine Rolle bzw. in das Berufsleben. Demnach sind hier auch gerne Berufseinsteiger bzw. Mitarbeiter mit der geringsten Erfahrung und Verantwortung angesiedelt. Die Unterpfade Außendienst und Business Development sind von den Rollen her gesehen zumeist Bereiche, die eine gewisse Berufserfahrung bzw. Verantwortung voraussetzen. Sollten Sie ein Traineeprogramm für diese Bereiche haben, können Sie gerne auch das Level 1 hierfür ausfüllen und verwenden.

Der Unterpfad Innendienst hingegen besteht bei unserem Unternehmen aus administrativen Tätigkeiten und teilweise der Beantwortung von Kundenanfragen. Dieser Unterpfad ist daher in meinem Karrieremodell bis Level 3 angedacht. Ein Mitarbeiter im Unterpfad Innendienst kann sich selbstverständlich in Richtung Außendienst oder Business Development oder gar in die anderen Pfade (Fachkarriere, Managementkarriere oder Projektkarriere) entwickeln, wenn er dafür Ambitionen hat. Im weiteren Verlauf des Buches werden die Entwicklungsmöglichkeiten innerhalb und außerhalb der Pfade detailliert beschrieben.

Die Pfade Projektkarriere sowie Managementkarriere haben in meinem Beispiel keine Unterpfade, da wir im Unternehmen keine Notwendigkeit dafür gesehen haben. Sie können aber auch hier gerne Unterpfade in Ihrem Modell entwickeln (s. Abb. 14).

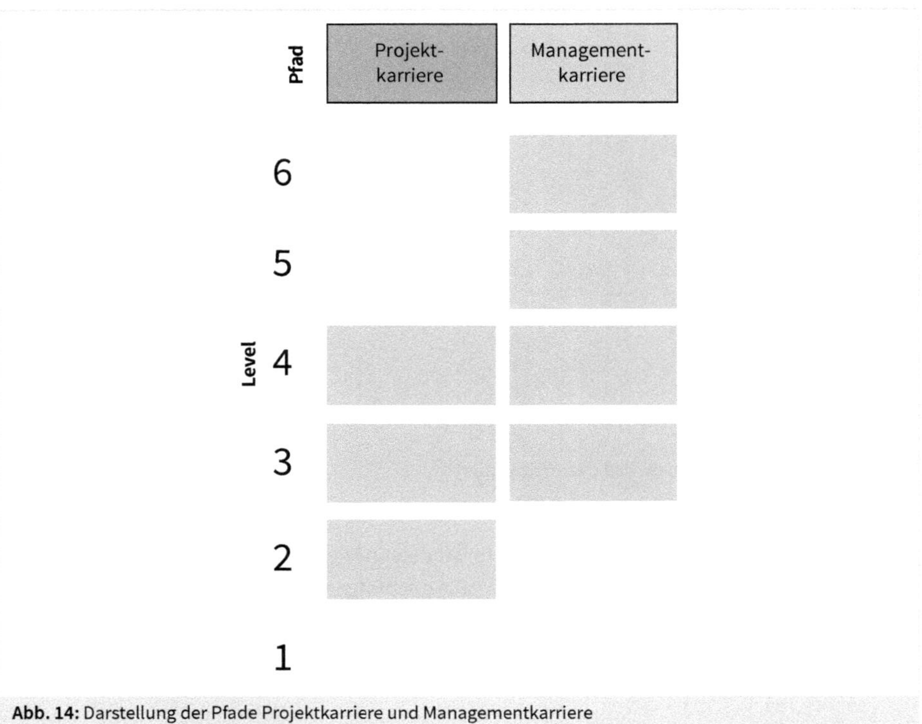

Abb. 14: Darstellung der Pfade Projektkarriere und Managementkarriere

Die Projekt- und Managementkarriere sind Pfade, die eine gewisse Berufserfahrung bzw. Verantwortung voraussetzen. Daher ist in meinem Beispiel das Level 1 nicht belegt.

Die Managementkarriere ist in meinem Modell auch der einzige Pfad, der Level 5 sowie Level 6 ausfüllt. Sicherlich hat dies auch einen kleinen psychologischen Faktor, den man unbedingt bei der Entwicklung eines Karrieremodells beachten muss. In allen Pfaden ist es möglich, das Level 4 zu erreichen (mit einigen Ausnahmen unter anderem in den Unterpfaden in der Fachkarriere sowie Vertriebskarriere). In den meisten Köpfen ist es verankert, dass ein Mitarbeiter in der Fachkarriere nicht auf dem gleichen Level wie eine Führungskraft in der Managementkarriere sein sollte. Dies ist meiner Meinung nach jedoch nicht mehr zeitgemäß. Die Fachkarriere hat in ihren Rollenbeschreibungen andere Voraussetzungen und Verantwortungen als die Managementkarriere und sollte daher nicht auf das Level beschränkt werden. Ein Mitarbeiter in der Fachkarriere, der sich auf Level 4 befindet, kann weiterhin einen disziplinarischen Vorgesetzten haben, der sich ebenfalls in Level 4 befindet. Ausschlaggebend hierfür sind ausschließlich der Karrierepfad und die Beschreibung der Rolle.

Das Level 5 in der Managementkarriere in meinem Modell steht für die Bereichsleiter (Director), in Level 6 sind der CEO sowie COO zu finden. Denken Sie nochmals an das Kapitel 1 zurück. Hier hatte ich Ihnen beschrieben, dass die Abbildungen und die Verteilung der Mitarbeiter in einem optimalen Karrieremodell einer Pyramide entsprechen sollten. Die meisten Mitarbeiter sollten sich demnach in Level 1 befinden und die wenigsten in Level 5 bzw. Level 6. Denn je höher das Karrierelevel, desto höher ist nicht nur die Verantwortung, sondern in der Regel auch das Gehalt des Mitarbeiters, welches sich wiederum wirtschaftlich auf den Unternehmenserfolg auswirkt. Personalkosten sind in einem Unternehmen meistens die anteilig höchsten Kosten.

Das gesamte Modell ist dynamisch. Konkret bedeutet das, dass Änderungen jederzeit vorgenommen werden können. Sie können Unterpfade hinzufügen oder auch wieder streichen, wenn Sie keine Notwendigkeit dafür sehen. Dieses Modell lebt flexibel mit Veränderungen in Ihrem Unternehmen und ist jederzeit anpassungsfähig.

Merke

Wichtig hierbei ist, dass Sie dieses Modell nicht einmal aufsetzen und es seinem ›Schicksal‹ überlassen, sondern stets als Mittelpunkt Ihrer Personalentwicklung ansehen und weiterentwickeln.

3.4.1 Welche Bedeutung hat der Faktor Zeit?

Das Thema Zeit spielt bei der Erlangung der Karrierelevel immer wieder auch eine Rolle. In Deutschland hat sich in vielen Köpfen jedoch manifestiert, dass man durch die Anzahl der Berufsjahre automatisch in ein höheres Level oder eine höhere Gehaltsbandbreite rutscht. Diese Diskussion habe ich bereits sehr häufig geführt und möchte meine Gedanken dazu mit Ihnen teilen.

Die Zeit ist definitiv ein begleitender Faktor, denn nur mit der Zeit gewinnt man an Erfahrung. Die Betonung hier liegt jedoch deutlich auf »begleitender Faktor«. Entscheidend für die Entwicklung in ein höheres Level ist jedoch nicht der Faktor Zeit, der in Berufsjahren gemessen wird. Der hauptsächliche Faktor für die Erlangung eines höheren Levels liegt in der jeweiligen Verantwortung und der Kompetenz des jeweiligen Mitarbeiters und der Führungskraft. Wenn die Zeit der ausschließliche und ausschlaggebende Faktor für die Weiterentwicklung im Karriere- und Gehaltsmodell wäre, hätte mein Schwiegervater der Vorstand der BMW-AG werden müssen, denn letztendlich hat mein Schwiegervater ganze 40 Jahre dort gearbeitet. Also kann die Zeit wohl doch nicht der ausschlaggebende Faktor sein.

Es gibt sehr viele Mitarbeiter, die sich sehr wohl mit ihrem erlangten Level fühlen und auch keine Ambitionen oder auch nicht die Fähigkeiten haben, sich weiterzuentwickeln. Für Mitarbeiter mit höheren Ambitionen und Karrierezielen gibt es jedoch die Möglichkeit sich weiterzuentwickeln. Für beide Fälle ist das Karrieremodell bestens ausgerüstet.

Immer wieder lese ich in Stellenanzeigen, dass eine bestimmte Zahl an Jahren mit Berufserfahrung für die relevante Position erwartet wird. Die Formulierungen sehen in der Regel so aus: »Mindestens drei Jahre Berufserfahrung sind Voraussetzung.« Was möchte man jedoch mit diesen drei Jahren hier erreichen? Sagen diese drei Jahre wirklich aus, dass ein Kandidat die gewünschte Berufserfahrung mitbringt? Um ehrlich zu sein, bin ich anderer Meinung. Man kann in diesen drei Jahren sehr viel gelernt haben oder auch nichts. Eine gewisse Fähigkeit mit dem Faktor Zeit zu koppeln, halte ich für nicht richtig. Wenn eine Person jahrelang immer die gleiche Tätigkeit ausübt und auch zufrieden damit ist, wird sie sicherlich irgendwann die Abläufe verinnerlicht haben und die Tätigkeit vermutlich schneller und besser als jemand verrichten, der dieselbe Tätigkeit erst vor Kurzem begonnen hat. Bedeutet das aber, dass man dadurch einen Mitarbeiter automatisch befördern muss, weil er eine gewisse Anzahl an Jahren in derselben Position verbracht hat? Gehen Sie davon aus, dass es durchaus Mitarbeiter gibt, die sehr zufrieden mit der aktuellen Position sind und auch keine Ambitionen haben sich weiterzuentwickeln. Setzt man diese Mitarbeiter dann dennoch im Karrieremodell immer höher, weil der Faktor Zeit eine tragende Rolle spielt? Letztendlich verrichtet der Mitarbeiter aber nach der Höherstufung die gleiche Tätigkeit und übernimmt auch keine andere Verantwortung.

Gerne möchte ich Ihnen dies mit einem Beispiel visualisieren:

Beispiel

Stellen Sie sich zwei Tischtennisspieler vor. Der eine Spieler ist schon lange Jahre dabei und hat an sehr vielen Spielen bereits teilgenommen und somit viele Erfahrungen sammeln können. Der andere Spieler ist jünger, hat daher noch nicht so viele Jahre an Erfahrung sammeln können. Dieser junge Spieler ist jedoch sehr ambitioniert und zielstrebig und trainiert daher sehr hart. Beide Spieler haben gleich viele Siege erreicht, der jüngere Spieler ist sogar etwas besser als der erfahrene Spieler. Ist die Zeit nun hier der entscheidende Faktor? Nein, ist sie nicht!

Die Zeit begleitet uns in allen Dingen, die wir tun und ist daher ein begleitender Faktor, jedoch nicht der ausschlaggebende Faktor für eine Beförderung oder eine Gehaltserhöhung.

Merke

Wichtig ist, dass Sie Ihren Mitarbeitern im Unternehmen deutlich machen, dass das Karrieremodell nicht hauptsächlich auf den Faktor Zeit aufgebaut ist. Wenn ein Mitarbeiter beispielsweise schon seit zehn Jahren im Unternehmen tätig ist, bedeutet das nicht automatisch, dass er im höchstmöglichen Level eingestuft wird bzw. sich auf dieses Level entwickelt. Viel mehr sind die Tätigkeit und die Verantwortung, die der Mitarbeiter in seiner Rolle ausführt, ausschlaggebend für seine weitere Entwicklung.

3.4.2 Der Wechsel zwischen einzelnen Pfaden und das Regelwerk dahinter

Das Wort »Transparenz« haben Sie in diesem Buch bereits öfter gelesen. Transparenz ist in diesem Modell einer der Hauptfaktoren, der zu jedem Zeitpunkt beachtet werden sollte. Wenn die Mitarbeiter im Unternehmen das Karrieremodell nicht verstehen, waren Sie nicht transparent genug. Transparenz entsteht unter anderem auch durch eine offene und gezielte Kommunikation. Zum Thema Kommunikation werden Sie in den späteren Kapiteln und Abschnitten immer wieder Input von mir erhalten.

Einer der häufigsten Rückfragen von Mitarbeitern zum Karrieremodell ist die Frage bezüglich der Weiterentwicklung und der Wechsel in einen anderen Pfad. Mit einem anderen Pfad sind nicht nur die Pfade von und zur Fachkarriere, Managementkarriere, Projektkarriere und Vertriebskarriere gemeint, sondern auch der Wechsel von und zu Unterpfaden.

Das Regelwerk für den Wechsel zwischen den Pfaden ist ein wichtiger Punkt, den Sie sorgfältig durch Einbeziehung Ihrer Stakeholder diskutieren und sauber definieren sollten.

In meinem Modell haben wir eine Lösung hierfür gefunden, die ich Ihnen gerne darlegen möchte. Dies ist eine reine Empfehlung meinerseits. Denken Sie immer wieder daran, dass jedes Unternehmen eine eigene Kultur hat und ggf. mein Regelwerk bei Ihnen nicht passt und Sie hier Anpassungen vornehmen müssen.

Die Einordnung in den jeweiligen Karrierepfad bzw. Unterpfad und in das richtige Level wird zu Beginn eine der intensivsten Aufgaben für Sie und Ihr Unternehmen darstellen. Eine Anleitung hierzu finden Sie in Kapitel 4. Wenn die Mitarbeiter entsprechend zugeordnet sind, heißt es nicht, dass sie sich immer nur in diesem Pfad bzw. Unterpfad befinden werden. Ein Softwareentwickler beispielsweise kann im Unterpfad »Software« seine Karriere in Ihrem Unternehmen starten, sich je nach Ambitionen jedoch in einen anderen Pfad oder Unterpfad weiterentwickeln. So ist es in diesem Beispiel möglich, dass dieser Softwareentwickler in der Fachkarriere bleiben möchte, sich jedoch für die Architektur interessiert. Der Wechsel innerhalb der Fachkarriere auf einen anderen Unterpfad ist demnach möglich, wenn die Qualifikationsvoraussetzungen entsprechend erfüllt sind.

Sollte sich dieser Softwareentwickler in Richtung Projektleitung oder gar Vertrieb entwickeln wollen, so ist auch das innerhalb dieses Karrieremodells möglich. Die Voraussetzungen je nach Rolle müssen selbstverständlich vom Mitarbeiter erfüllt werden, um sich entwickeln zu können. Zu beachten ist auch, dass die Zielstellen bzw. -projekte innerhalb des Unternehmens auch verfügbar sein sollten. Es macht wenig Sinn, jemanden in eine Rolle weiterzuentwickeln, bei der es aktuell keinen Bedarf im Unternehmen gibt. Es müssen hier immer beide Seiten betrachtet und abgewogen werden: die Entwicklung des Mitarbeiters und die freie Kapazität im Unternehmen. Hierzu erhalten Sie in den nächsten Kapiteln mehr Input. Mit Abbildung 15 möchte ich Ihnen die mögliche Weiterentwicklung in der Fachkarriere verdeutlichen. Die entsprechende Weiterentwicklung in andere Pfade ist wie oben beschrieben selbstverständlich auch möglich.

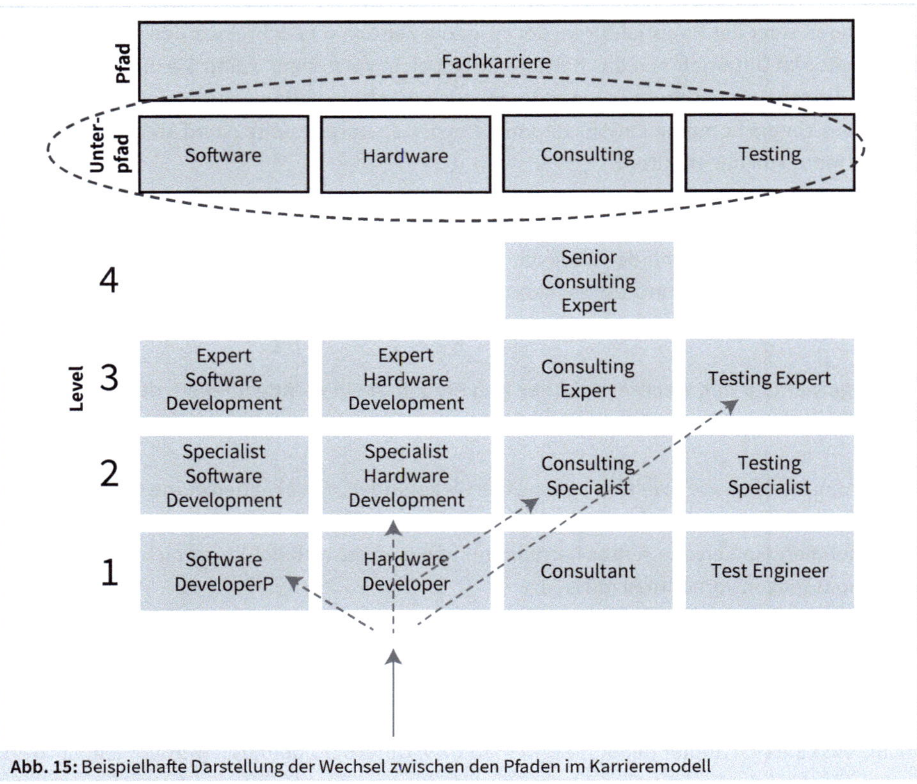

Abb. 15: Beispielhafte Darstellung der Wechsel zwischen den Pfaden im Karrieremodell

Die Festlegung der Regeln für den Wechsel zwischen den Pfaden, also die mögliche Entwicklung Ihrer Mitarbeiter, ist sehr wichtig und sollte wirklich sehr sorgfältig durchdacht werden.

Eine weitere Herausforderung habe ich in der Praxis erlebt, die Sie ebenso einkalkulieren sollten. Diese Herausforderung möchte ich Ihnen anhand eines Beispiels erklären: Ein Mitarbeiter befand sich auf Level 4 in der Fachkarriere (Unterpfad: Architektur) und wollte sich dann in Richtung Managementkarriere umorientieren. Der Mitarbeiter hat aber zu diesem Zeitpunkt nicht die Qualifikationsvoraussetzungen für das Level 4 in der Managementkarriere erfüllt. Eine offene Position in der Managementkarriere war zu diesem Zeitpunkt vorhanden, der Mitarbeiter wäre aber dann in Level 3 eingruppiert worden – von Level 4 in der Fachkarriere auf Level 3 in der Managementkarriere. Darf man bzw. sollte man dem zustimmen? Es ist also wichtig, auch die Regeln für solche Situationen auszuformulieren und entsprechend zu kommunizieren. Sicherlich spielt auch der Betriebsrat eine große Rolle, dessen Meinung man hier unbedingt einholen sollte. Letztendlich könnte man diese Situation ggf. auch als eine Degradation ansehen, obwohl es sich inhaltlich um andere Aufgaben und Verantwortlichkeiten handelt.

In meinem Modell habe ich diese Herausforderung eindeutig ausformuliert. Demnach ist es in meinem Modell nur möglich, sich auf gleicher Ebene, also auf demselben Level, in einen anderen Pfad weiterzuentwickeln. Es ist daher nicht möglich, sich wie oben in dem Beispiel von Level 4 in der Fachkarriere auf Level 3 in der Managementkarriere umzuorientieren. Die Mitarbeiter, die aber genau diesen Schritt des Pfadwechsels gehen wollten, haben einen personalisierten Entwicklungsplan erhalten, in dem erfasst war, welche Qualifikationen noch zu erfüllen sind und wie diese z. B. durch Trainings oder Weiterbildungen erfüllt werden können. Außerdem wurde ein entsprechender Zeitrahmen mit diesem Mitarbeiter vereinbart. Wenn beispielsweise der Plan für ein ganzes Jahr ausgelegt ist, erfassen die Führungskraft und die Personalentwicklung binnen dieses Jahres immer wieder die Entwicklung des Mitarbeiters und führen mit diesem Gespräche. Hat der Mitarbeiter diese Zeit erfolgreich bestanden, kann er sich auf seine neue Rolle in einem neuen Pfad freuen.

Sicherlich ist diese Art des Tracking bzw. die Weiterentwicklung entsprechender Mitarbeiter nicht nur zeitaufwendig, sondern auch kostenintensiv. Diese Investition zahlt sich jedoch definitiv aus: Sie haben weiterhin einen motivierten Mitarbeiter, der sich seinen Wünschen entsprechend weiterentwickeln konnte, da das neue Karrieremodell seines Arbeitgebers genau dies zugelassen hat. Einer der meist genannten Gründe für die Fluktuation von Mitarbeitern ist die mangelnde Weiterentwicklungsmöglichkeit. Die Suche nach einem neuen adäquaten Mitarbeiter und die Einarbeitung sind definitiv teurer für das Unternehmen. Mit jedem guten Mitarbeiter verliert das Unternehmen nämlich auch Know-how, welches teilweise für immer verschwindet.

Viele Unternehmen schreiben in Ihre Stellenanzeigen, dass man einzigartige Entwicklungsmöglichkeiten hat. Meistens bedeutet dies jedoch vor allem, dass man ein Budget für Weiterbildungsmaßnahmen erhält. Ein ausgeklügeltes Karrieremodell ist in den seltensten Fällen vorhanden. Wenn es ein Karrieremodell gibt, wird dieses teilweise nicht mehr aktiv gelebt. Sie jedoch können hier die Macht des Marketings nutzen, um für Ihr Karrieremodell richtig Werbung zu machen. Setzen Sie es wie hier beschrieben um und formulieren diese Herausforderungen richtig aus.

3.4.3 Ist ein Assessment beim Wechsel in ein höheres Level nötig?

In vielen – vor allem größeren – Unternehmen ist es durchaus üblich, ein Assessment für Mitarbeiter und Führungskräfte zu machen, die sich in ein höheres Level entwickeln sollen. Um dies genauer zu benennen und auf mein Karrieremodell zu übertragen: Es betrifft Mitarbeiter, die sich im Level 3 befinden und sich auf Level 4 entwickeln wollen, und bei den Führungskräften handelt es sich um die Weiterentwicklung von Level 3 auf 4 oder von Level 4 auf 5.

Was genau ist jedoch mit einem Assessment gemeint und wozu dient es? Zu diesem Thema gibt es sehr viele Ansätze und auch passende Literatur. Es gibt ganze Abteilungen in Unternehmen, die sich genau mit dieser Thematik beschäftigen.

Merke

Vereinfacht ausgedrückt ist ein *Assessment* eine Art Überprüfung der Eignung des Mitarbeiters oder der Führungskraft in Bezug auf die angestrebte Position. Hierbei werden unter anderem das Verhalten, die Intelligenz, aber auch der Führungsstil beobachtet und festgestellt. Man spricht auch von einer sogenannten Eignungsdiagnostik.

Ein Assessment kann je nach Unternehmen auch mehrere Tage in Anspruch nehmen. Typische Aufgaben während eines Assessments sind unter anderem eine Selbstpräsentation und ein Rollenspiel sowie ggf. auch Fallstudien. Die Durchführung dieser Assessments bedarf gut ausgebildeter Personalentwickler bzw. wird sogar unter Einbeziehung von Psychologen abgehalten, die sich genau darauf spezialisiert haben. Einige Unternehmen vergeben diese Assessments auch nach Außen und beauftragen externe, spezialisierte Unternehmen bzw. Unternehmensberatungen mit deren Durchführung.

Meiner Meinung nach machen auf diesen Leveln Assessments durchaus Sinn, denn wie bereits mehrfach erwähnt, geht es um die Übernahme von mehr Verantwortung bei der Entwicklung in ein höheres Karrierelevel. Jedes Unternehmen sollte bestrebt sein, diese Positionen mit den bestmöglichen Mitarbeitern und Führungskräften zu besetzen, deren Fähigkeiten und Kompetenzen der angestrebten Rolle entsprechen.

Für die Durchführung von Assessments bedarf es sehr viel an Kapazität und Zeit. Bei kleineren Unternehmen werden diese Assessments daher selten durchgeführt, da es hier an der Kapazität bzw. der nötigen Ausbildung in der Personalentwicklung fehlt. Man könnte diese Assessments aber ja auch outsourcen und externe Unternehmen hiermit beauftragen. Dies ist dann neben einer Kostenfrage auch eine Unternehmensentscheidung, die vom Management gefällt werden müsste.

Sie können auch ein kleineres Assessment durchführen, welche auch ich hin und wieder vor allem bei Schlüsselpositionen durchgeführt habe. Hierbei durften die Mitarbeiter oder Führungskräfte eine Selbstpräsentation durchführen und unter anderem erklären, weshalb sie diese Position anstreben. Die Präsentation erfolgte vor einer ausgewählten, neutralen Jury. Hierzu habe ich Mitarbeiter und Führungskräfte aus verschiedenen Bereichen und Leveln gebeten, daran teilzunehmen. Wichtig war hierbei, dass die Jury den betroffenen Mitarbeiter bzw. die Führungskraft noch nicht wirklich kannte. Das ist eine abgespeckte Form des 360-Grad-Feedbacks und kann recht aufschlussreich sein. Bedenken Sie hierbei auch, dass es durchaus sein kann, dass die Jury sich mit entsprechenden Argumenten auch gegen diesen Mitarbeiter bzw. die Führungskraft entscheiden kann. Dies sollte den Teilnehmern bewusst sein.

Mein Rat an Sie lautet: Bitte manifestieren Sie in Ihrem Unternehmen die Entwicklung der Mitarbeiter und Führungskräfte in höhere Levels genau und transparent. Es sollte nicht vorkommen, dass Mitarbeiter und Führungskräfte durch die eigenen Vorgesetzten z.B. aufgrund von Sympathie in Positionen befördert werden, auf die sie eigentlich angesichts ihrer Kompetenzen und Fähigkeiten nicht passen. Ob Sie dies anhand eines (vereinfachten) Assessments oder durch 360-Grad-Feedbacks machen, ist Ihnen überlassen. Wichtig ist nur, dass Sie hier eine Entscheidung mit Ihrem Management und Ihren Stakeholdern finden und dieses detailliert und transparent aufzeichnen.

3.5 Die Benennung der Jobtitel und die Methodik dahinter

Jobtitel haben in der Regel mehrere Funktionen zu erfüllen:

Merke

Jobtitel beschreiben kurz und prägnant die Tätigkeit des Mitarbeiters. Außerdem geben sie teilweise Auskunft über die Seniorität und können außerdem die entsprechende Verantwortung ggf. auch in Verbindung mit einer fachlichen und/oder disziplinarischen Position darstellen.

In diesem Abschnitt möchte ich Ihnen erläutern, wie Sie die Titel innerhalb eines Unterpfades logisch aufeinander aufbauen können und diese dennoch aussagekräftig bleiben. Es geht hier nicht darum, die richtigen Jobtitel zu finden, sondern um deren Aufbau innerhalb eines Pfades bzw. Unterpfades, denn von Level zu Level verändert sich auch ein Jobtitel. Trotzdem sollten die Jobtitel in einem Unterpfad strukturiert und logisch ausgewählt werden. Damit gewährleisten Sie, dass man auf einen Blick erkennt, in welchem Pfad bzw. Unterpfad und Level sich der entsprechende Mitarbeiter befindet. Die Auswahl der richtigen Jobtitel bzw. worauf man hierbei achten sollte, können Sie in Kapitel 4 nachlesen.

In diesem Abschnitt ist das Ziel, eine transparente und verständliche Entwicklung der Mitarbeiter, begleitet durch ihre Jobtitel, darzustellen. Hierfür ist es am wichtigsten, sich immer am Kerntitel zu orientieren, der z.B. bei einem Softwareentwickler aus dem Wort ›Softwareentwicklung‹ besteht. Der Kerntitel eines Buchhalters besteht folglich aus dem Begriff ›Buchhaltung‹ usw. Um den Grad der Seniorität innerhalb der Unterpfade einfach darzustellen, aber auch den Wünschen der Mitarbeiter nach einem aussagekräftigen Titel gerecht zu werden, müssen wir hier nun mit sogenannten Titelzusätzen arbeiten. Die bekanntesten Titelzusätze sind vermutlich »Senior« oder »Junior« (Senior Softwareentwickler bzw. Junior Softwareentwickler).

In meinem Modell habe ich den Titelzusatz »Junior« nicht verwendet. Dies hat mehrere Gründe, die ich Ihnen hier kurz erläutern möchte: Die meisten Menschen assoziieren das Wort »Junior« mit einem jungem Menschen – z. B. einem Kind, einem Teenager oder ggf. auch einem Berufseinsteiger. Man könnte den Titelzusatz »Junior« für das Level 1 verwenden, da es sich hier in der Regel um wenig erfahrene Mitarbeiter bzw. Berufseinsteiger handelt.

Denken Sie bitte aber auch an mögliche Quereinsteiger und stellen Sie sich vor, dass dieser Quereinsteiger zwar relativ frisch in seinem neuen Berufsfeld ist, jedoch ein entsprechendes Lebensalter mitbringt. Der Mitarbeiter fühlt sich in solchen Situationen mit dem Titelzusatz »Junior« nicht sehr wohl.

Auf den Titelzusatz »Junior« beim Karrieremodell habe ich verzichtet. Stattdessen habe ich Alternativen verwendet, die besser gepasst haben. Sie können jedoch gerne den Titelzusatz »Junior« verwenden, wenn dieser bereits bei Ihnen im Unternehmen etabliert ist und Ihrer Unternehmenskultur entspricht.

Für die Titelzusätze in Kombination mit dem Kerntitel habe ich für mein Modell zwei Varianten ausgewählt und auch beide Varianten abgebildet. Anhand von Abbildung 16 möchte ich Ihnen die zwei Varianten vorstellen und beschreiben.

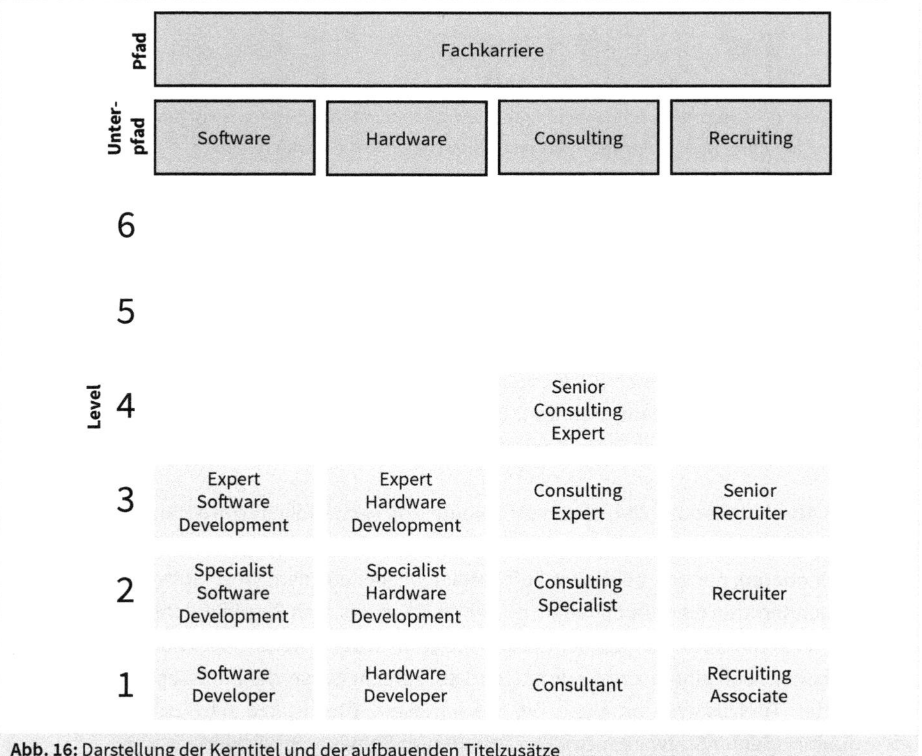

Abb. 16: Darstellung der Kerntitel und der aufbauenden Titelzusätze

Das von mir entwickelte Karrieremodell besteht aus englischen Titeln, da dies für international tätige Unternehmen passender ist und dadurch die Jobtitel zukunftsorientiert für das gesamte Unternehmen dargestellt werden können. Sie können selbstverständlich auch deutsche Titel verwenden.

Die Variante eins sehen Sie hier bei den Unterpfaden »Software«, »Hardware« und Consulting«. In Level 1 starten wir mit dem Kerntitel (hier z. B.: »Software Developer«). In Level 2 kommt der Titelzusatz »Specialist« hinzu. Level 3 trägt den Zusatz »Expert« und Level 4 (in der Abbildung bei Consulting erkennbar) trägt den Titelzusatz »Senior« und zusätzlich »Expert« (hier z. B.: »Senior Consulting Expert«).

Mit den Stakeholdern habe ich eine lange Diskussion bezüglich der Titelzusätze »Specialist« und »Expert« geführt. Weshalb verwenden wir »Specialist« bei Level 2 und »Expert« bei Level 3? Wir sind uns einig geworden, dass für uns der Begriff »Expert« mehr Fachlichkeit aussagt als der Titelzusatz »Specialist«.

Die Zusammensetzung des Kerntitels in Kombination mit dieser Variante sollte außerdem immer Sinn machen. Der Titel sollte sich auch immer ansprechend anhören. Im Unterpfad »Consulting« finden Sie ein Beispiel mit dieser Variante zu insgesamt vier Level. Hier sehen Sie jedoch, dass wir in Level 2 den Titelzusatz »Specialist« erst nach dem Kerntitel gewählt haben. Ebenso in Level 3 für den Titelzusatz »Expert«. Wenn wir die Titelzusätze wie bei dem Beispiel »Software« und »Hardware« vor dem Kerntitel dargestellt hätten, würde das keinen Sinn machen und der Titel würde sich nicht ansprechend anhören. Bitte beachten Sie bei der Zusammensetzung der Worte daher unbedingt immer diese eher sprachlichen Aspekte.

Die zweite Variante ist in dieser Abbildung bei dem Unterpfad »Recruiting« zu sehen. Bei einigen Titeln mache es keinen Sinn, die Titelzusätze »Specialist« oder »Expert« zu verwenden, da das sprachlich nicht zum Kerntitel passt bzw. nicht aussagekräftig ist. In der Regel sind das auch Unterpfade, bei denen es kein Level 4 geben wird, da hier unter den Gesichtspunkten Verantwortung und Weiterentwicklung ein Level 4 keinen Sinn machen würde. In diesem Fall haben wir bei Level 1 den Zusatz »Associate« gewählt. Dies bedeutet so viel wie »Mitarbeiter«. Der Level 2 besteht aus dem Kerntitel. Zum Vergleich: In der ersten Variante starten wir in Level 1 direkt mit dem Kerntitel. Level 3 bekommt hier den Titelzusatz »Senior«.

Sie können beide Titelvarianten wie oben beschrieben kombinieren. Sollten Sie weniger Unterpfade haben bzw. sich auf eine der Varianten festlegen wollen, ist dies auch unproblematisch. Jedoch sollten die Titel zu jeder Zeit Sinn ergeben, damit sich der entsprechende Mitarbeiter mit seinem Jobtitel identifizieren kann und zufrieden ist. Sollten Sie sich für die Kombination aus beiden Varianten entscheiden – so wie ich das in meinem Modell gemacht habe –, denken Sie bitte daran, dies auch den Mitarbeitern entsprechend zu kommunizieren bzw. diese darin zu schulen.

Mir liegt es persönlich sehr am Herzen, dass Sie mit diesem Buch nicht nur eine Schritt-für-Schritt-Anleitung erhalten, sondern auch genügend Beispiele, die Ihnen bei der Gestaltung Ihres eigenen Karrieremodells behilflich sein sollen. Aus diesem Grund möchte ich Ihnen in Tabelle 22 eine tabellarische Auflistung der von mir verwendeten Pfade, Unterpfade, Level und die dazugehörigen Jobtitel zur Verfügung stellen. Bitte beachten Sie nochmals, dass ich bei meinem Karrieremodell die englische Bezeichnung für Pfade, Unterpfade und Jobtitel benutzt habe. Sie können Ihr Karrieremodell selbstverständlich auf Deutsch gestalten.

Pfad	**Unterpfad**	**Level**	**Jobtitel**
Fachkarriere (Professional Career)	Production	1	Production Employee
Fachkarriere (Professional Career)	Production	2	Production Specialist
Fachkarriere (Professional Career)	Hardware	1	Hardware Developer
Fachkarriere (Professional Career)	Hardware	2	Specialist Hardware Development
Fachkarriere (Professional Career)	Hardware	3	Expert Hardware Development
Fachkarriere (Professional Career)	Software	1	Software Developer
Fachkarriere (Professional Career)	Software	2	Specialist Software Development
Fachkarriere (Professional Career)	Software	3	Expert Software Development
Fachkarriere (Professional Career)	Testing	1	Test Engineer
Fachkarriere (Professional Career)	Testing	2	Testing Specialist
Fachkarriere (Professional Career)	Testing	3	Testing Expert
Fachkarriere (Professional Career)	Consulting	1	Consultant
Fachkarriere (Professional Career)	Consulting	2	Consulting Specialist
Fachkarriere (Professional Career)	Consulting	3	Consulting Expert
Fachkarriere (Professional Career)	Consulting	4	Senior Consulting Expert
Fachkarriere (Professional Career)	Systemintegration	1	Systemintegrator
Fachkarriere (Professional Career)	Systemintegration	2	Specialist Systemintegration
Fachkarriere (Professional Career)	Systemintegration	3	Expert Systemintegration
Fachkarriere (Professional Career)	Systems Engineering	1	Systems Engineer
Fachkarriere (Professional Career)	Systems Engineering	2	Specialist Systems Engineering
Fachkarriere (Professional Career)	Systems Engineering	3	Expert Systems Engineering
Fachkarriere (Professional Career)	Systems Engineering	4	Senior Expert Systems Engineering
Fachkarriere (Professional Career)	Architecture	3	Expert IT Architecture
Fachkarriere (Professional Career)	Architecture	4	Senior Expert IT Architecture

Pfad	Unterpfad	Level	Jobtitel
Fachkarriere (Professional Career)	Build- and Config. Management	2	Specialist Build- and Config. Management
Fachkarriere (Professional Career)	Build- and Config. Management	3	Expert Build- and Config. Management
Fachkarriere (Professional Career)	Build- and Config. Management	4	Senior Expert Build- and Config. Management
Fachkarriere (Professional Career)	Software Consulting	2	Software Consultant
Fachkarriere (Professional Career)	Software Consulting	3	Senior Software Consultant
Fachkarriere (Professional Career)	Customer Support	1	Customer Support Associate
Fachkarriere (Professional Career)	Customer Support	2	Customer Support Manager
Fachkarriere (Professional Career)	Customer Support	3	Senior Customer Support Manager
Fachkarriere (Professional Career)	IT Administration	1	IT Administrator
Fachkarriere (Professional Career)	IT Administration	2	Specialist IT Administration
Fachkarriere (Professional Career)	IT Administration	3	Expert IT Administration
Fachkarriere (Professional Career)	Quality Management	1	Quality Associate
Fachkarriere (Professional Career)	Quality Management	2	Specialist Quality Management
Fachkarriere (Professional Career)	Quality Management	3	Expert Quality Management
Fachkarriere (Professional Career)	Quality Management	4	Senior Expert Quality Management
Fachkarriere (Professional Career)	Finance	1	Finance Associate
Fachkarriere (Professional Career)	Finance	2	Finance Specialist
Fachkarriere (Professional Career)	Finance	3	Finance Expert
Fachkarriere (Professional Career)	Accounting	1	Accountance Associate
Fachkarriere (Professional Career)	Accounting	2	Accountant
Fachkarriere (Professional Career)	Accounting	3	Senior Accountant
Fachkarriere (Professional Career)	Order Processing	1	Order Processing Associate
Fachkarriere (Professional Career)	Order Processing	2	Order Processor
Fachkarriere (Professional Career)	Order Processing	3	Senior Order Processor
Fachkarriere (Professional Career)	Controlling	1	Controlling Associate
Fachkarriere (Professional Career)	Controlling	2	Controller
Fachkarriere (Professional Career)	Controlling	3	Senior Controller
Fachkarriere (Professional Career)	Purchasing	1	Purchasing Associate

Pfad	Unterpfad	Level	Jobtitel
Fachkarriere (Professional Career)	Purchasing	2	Purchasing Agent
Fachkarriere (Professional Career)	Purchasing	3	Senior Purchasing Agent
Fachkarriere (Professional Career)	Facility	1	Facility Associate
Fachkarriere (Professional Career)	Facility	2	Facility Manager
Fachkarriere (Professional Career)	Facility	3	Senior Facility Manager
Fachkarriere (Professional Career)	Human Resources	1	Human Resources Associate
Fachkarriere (Professional Career)	Human Resources	2	Human Resources Specialist
Fachkarriere (Professional Career)	Human Resources	3	Human Resources Expert
Fachkarriere (Professional Career)	Recruiting	1	Recruiting Associate
Fachkarriere (Professional Career)	Recruiting	2	Recruiter
Fachkarriere (Professional Career)	Recruiting	3	Senior Recruiter
Fachkarriere (Professional Career)	Human Resources Services	1	Human Resources Administrator
Fachkarriere (Professional Career)	Human Resources Services	2	Specialist Human Resources
Fachkarriere (Professional Career)	Human Resources Services	3	Expert Human Resources
Fachkarriere (Professional Career)	Human Resources Development	1	Human Resources Development Associate
Fachkarriere (Professional Career)	Human Resources Development	2	Human Resources Developer
Fachkarriere (Professional Career)	Human Resources Development	3	Senior Human Resources Developer
Fachkarriere (Professional Career)	Graphic & Multimedia	1	Graphic and Multimedia Designer
Fachkarriere (Professional Career)	Graphic & Multimedia	2	Specialist Graphic and Multimedia Design
Fachkarriere (Professional Career)	Graphic & Multimedia	3	Expert Graphic & Multimedia Design
Fachkarriere (Professional Career)	Marketing Communications	1	Marketing Communications Associate
Fachkarriere (Professional Career)	Marketing Communication	2	Marketing Communications Manager
Fachkarriere (Professional Career)	Marketing Communication	3	Senior Marketing Communications Manager

Pfad	Unterpfad	Level	Jobtitel
Fachkarriere (Professional Career)	Online Marketing	1	Online Marketing Associate
Fachkarriere (Professional Career)	Online Marketing	2	Online Marketing Manager
Fachkarriere (Professional Career)	Online Marketing	3	Senior Online Marketing Manager
Fachkarriere (Professional Career)	Digitalization	1	Digital Worksplace Engineer
Fachkarriere (Professional Career)	Digitalization	2	Digital Worksplace Specialist
Fachkarriere (Professional Career)	Digitalization	3	Digital Worksplace Expert
Fachkarriere (Professional Career)	Digitalization	4	Senior Digital Worksplace Expert
Fachkarriere (Professional Career)	Assistance	1	Assistant
Fachkarriere (Professional Career)	Assistance	2	Assistant to the...
Projektkarriere (Project Career)	-	2	Project Coordinator
Projektkarriere (Project Career)	-	3	Project Manager
Projektkarriere (Project Career)	-	4	Senior Project Manager
Managementkarriere (Management Career)	-	3	Group Manager
Managementkarriere (Management Career)	-	4	Head of...
Managementkarriere (Management Career)	-	5	Director
Managementkarriere (Management Career)	-	6	CxO
Vertriebskarriere (Sales Career)	Sales	2	Sales Representative
Vertriebskarriere (Sales Career)	Sales	3	Sales Manager
Vertriebskarriere (Sales Career)	Sales	4	Senior Sales Manager
Vertriebskarriere (Sales Career)	Internal Sales	1	Sales Associate
Vertriebskarriere (Sales Career)	Internal Sales	2	Sales Representative
Vertriebskarriere (Sales Career)	Internal Sales	3	Sales Manager
Vertriebskarriere (Sales Career)	Business Development	2	Business Developer
Vertriebskarriere (Sales Career)	Business Development	3	Business Development Manager
Vertriebskarriere (Sales Career)	Business Development	4	Senior Business Development Manager

Tab. 22: Auflistung aller Jobtitel in der Fachkarriere, Projektkarriere, Managementkarriere und Vertriebskarriere in meinem Karrieremodell

Einige Titel in meinem Karrieremodell hören sich für Sie ggf. ungewohnt an. Die Auswahl und Recherche geeigneter Jobtitel und deren Titelzusätze ist ein sehr großes und zeitaufwendiges Thema, das man nicht unterschätzen sollte. In Kapitel 4 habe ich Ihnen detailliert beschrieben, wie Sie in der Findung der für Ihr Unternehmen geeigneten Jobtitel vorgehen können. Behalten Sie dabei immer die Kultur Ihres Unternehmens im Hinterkopf und beziehen Sie immer wieder Mitarbeiter in Ihre Recherchen mit ein.

Wie bereits erwähnt, stellt Tabelle 22 die nötigen Jobtitel sowie Pfade für mein Karrieremodell dar. Sicherlich werden Sie andere Bedarfe an Jobtiteln und Pfaden haben. Bitte schränken Sie sich bei deren Entwicklung nicht ein. Es gibt bei der Entwicklung eines guten Karrieremodells keine wirklichen Limits bzw. Längenvorgaben. Einschränkungen führen dazu, dass das Karrieremodell nicht passgenau wird und unverständlich wirken kann.

In Tabelle 22 fehlen die Jobtitel für studentische Mitarbeiter (Werkstudenten, Praktikanten etc.), Auszubildende sowie Aushilfen. Da diese Mitarbeiter sich in allen Bereichen des Karrieremodells befinden können, habe ich diese nicht separat aufgelistet. Bitte entwickeln Sie auch für diese Gruppe von Mitarbeitern passende Jobtitel.

3.5.1 Was macht man mit Mitarbeitern, die sich in der Fachkarriere befinden, aber eine fachliche Führung haben?

Es gibt sie wirklich! Ich bin mir sicher, dass diese Mitarbeiter auch in Ihrem Unternehmen zu finden sind. Die Rede ist von Mitarbeitern, die ein umfangreiches fachliches Wissen besitzen und eine anleitende Stelle haben – also Mitarbeiter, die eine fachliche Führung offiziell oder inoffiziell *zusätzlich* zu ihren fachlichen Tätigkeiten haben. In einigen Karrieremodellen wird dies berücksichtigt, indem man dies bei erfahrenen Mitarbeitern im Titel vorwegstellt, z. B. durch den Titelzusatz »Senior«. Jedoch habe ich bisher kein Karrieremodell kennengelernt, indem dieses Thema explizit aufgeführt und transparent erklärt worden ist. Dies führt bei den Mitarbeitern in der Praxis zu Verwirrung und kann ggf. auch ein Frustrationsfaktor sein – vor allem, wenn die Rollenbeschreibungen dazu nicht sauber aufbereitet sind. Der Mitarbeiter kann dadurch immer wieder das Gefühl haben, über die eigenen Aufgaben hinaus mehr Verantwortung zu tragen, obwohl dies nicht wirklich manifestiert ist. In solchen Situationen fehlt auch oftmals die Wertschätzung gegenüber diesen Mitarbeitern. Meistens befinden sie sich sogar in sogenannten Schlüsselpositionen im Unternehmen, die maßgeblich zum Unternehmenserfolg beitragen. Die Mitarbeiter fühlen sich jedoch in der Fachkarriere sehr wohl und sind hier auch richtig platziert.

Die Herausforderung besteht darin, dass man diese Mitarbeiter dem richtigen Pfad zuordnen muss, denn fachliche Führung bedeutet nicht, dass der Mitarbeiter im Pfad »Management« richtig platziert ist, wenn seine Kernaufgaben aus fachlichen Themen bestehen. Auch ich stand immer wieder vor diesem Hindernis. Die Mitarbeiter mit der fachlichen Verantwortung wurden häufig in der Managementkarriere angesiedelt, obwohl diese keine disziplinarische Verantwortung getragen haben und auch keine Budgetverantwortung besaßen.

Damit Sie nachvollziehen können, was ich mit fachlicher Führung genau meine, möchte ich Ihnen dieses Thema wie folgt erläutern: Jeder von uns impliziert unter fachlicher Führung vermutlich etwas anderes.

Merke

Ein Mitarbeiter mit einer *fachlichen Führungsaufgabe* ist für seine Teammitglieder bei inhaltlichen Themen verantwortlich und ggf. auch die erste Anlaufstelle bei fachlichen Fragestellungen. Diese fachliche Führungsaufgabe beinhaltet jedoch nicht die disziplinarische Verantwortung für das Team.

Diese Mitarbeiter haben also z. B. nicht die Verantwortung für die Gehälter der einzelnen Teammitglieder. Vielmehr ist hier die Rede von einer koordinierenden Rolle, die zur Durchführung der jeweiligen Aufgabenstellungen im Team benötigt wird. Beispielsweise gehören auch die sogenannten »Vorarbeiter« in diese Gruppe der fachlichen Führung. Sie kennen sich mit den Arbeitsabläufen der einzelnen Themen im Team aus und können ggf. steuernd eingreifen bzw. auch die Prozesse entsprechend optimieren.

3.5.2 Was macht man mit Mitarbeitern, die sich zwischen zwei Leveln befinden?

Darüber hinaus gibt es immer wieder Mitarbeiter, die sich zwischen zwei möglichen Leveln befinden. Beispielsweise befindet sich ein Mitarbeiter auf Level 2 und trägt teilweise schon die Verantwortung, die für Level 3 vorgesehen ist. Es ist immer wieder schwer, diese Mitarbeiter dann entsprechend richtig im Karrieremodell bzw. in den Karrierelevels einzuordnen. Halbe Levels machen in einem Karrieremodell wenig Sinn, da diese eigentlich nur dazu führen, noch mehr Level einzubauen.

In einigen Karrieremodellen gibt es auch innerhalb der einzelnen Level Abstufungen, d. h. die einzelnen Level sind in unteres, mittleres und oberes Level unterteilt. Ein Mitarbeiter, der beispielsweise in Level 2 frisch angekommen ist, wird zunächst im unteren Level 2 angesiedelt. Jedoch bringt diese Lösung auch einige Probleme mit sich, weshalb ich davon Abstand genommen habe. Zu einem ist die Transparenz erheblich gefährdet, da nicht ganz klar definiert werden kann, wann ein Mitarbeiter in welche Abstufung gelangt. Zum anderen bräuchte man für jede Abstufung eine eigene Profilanforderung, welche den Arbeitsaufwand für die Personalentwicklung und die Führungskräfte massiv steigert.

Die Lösung für diese Herausforderung liegt in der Titelergänzung. Gerne möchte ich Ihnen dieses Vorgehen detaillierter beschreiben und mit Beispielen sowie einer Abbildung erklären:

Es handelt sich hier nicht um die Titelzusätze, die ich bereits im Abschnitt 3.5 erklärt habe. Die Titelergänzungen sind vielmehr Ausdruck der fachlichen Verantwortung, die einem Mitarbeiter zusätzlich zu seinem Jobtitel verliehen werden können. Dadurch wird sofort mit Blick auf den Jobtitel des Mitarbeiters deutlich, dass dieser eine fachliche Verantwortung bzw. eine Rolle als fachlicher Koordinator innehat. Diese Titelergänzungen sind für die Jobtitel in der Fachkarriere angedacht. In der Projekt-, Management- sowie Vertriebskarriere sind keine Titelergänzungen notwendig, da die Tätigkeits- und Verantwortungsfelder bei diesen Mitarbeitern anders aufgestellt sind als in der Fachkarriere.

Diese Titelergänzungen sind für die jeweiligen Mitarbeiter in der Fachkarriere mit einer fachlichen Führung- bzw. Koordinationsaufgabe in den Leveln 2 und 3 angedacht. Die Titelergänzung für die Mitarbeiter in Level 2 lautet in meinem Modell »Technical Coordinator« für alle Jobtitel, die sich im IT- bzw. Technikumfeld befinden, und »Functional Coordinator« für alle Jobtitel, die sich außerhalb des IT- und Technikumfelds befinden. Ein Buchhalter beispielsweise sollte eine passende Ergänzung erhalten, wenn er eine fachliche Verantwortung aufgetragen bekommt. Eine Ergänzung wie »Technical Coordinator« für einen Buchhalter passt nicht zu seinem Hauptjobtitel, da ein Buchhalter in der Regel keine technischen Aufgabeninhalte hat. Achten Sie daher darauf, dass die Kombinationen aus Jobtitel und Titelergänzung auch Sinn ergeben. Die Titelergänzung für die Mitarbeiter in Level 3 lautet in meinem Modell »Technical Lead« oder »Functional Lead« (s. Abb. 17).

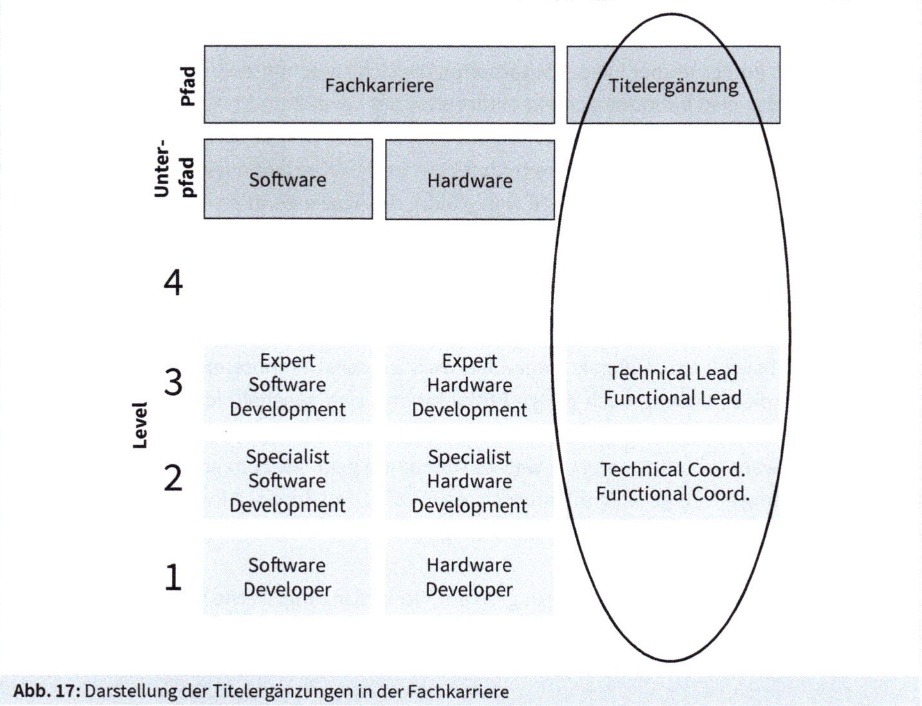

Abb. 17: Darstellung der Titelergänzungen in der Fachkarriere

Um dies mit einem konkreten Beispiel zu untermauern, lautet der Titel in meinem Model für einen Buchhalter (englisch: Accountant) mit einer fachlichen Verantwortung in Level 2: *Accountant - Functional Coordinator.*

Der Titel für einen Buchhalter mit fachlicher Verantwortung in Level 3 sieht demnach wie folgt aus: *Accountant - Functional Lead.*

Der Titel für beispielsweise einen Softwareentwickler (Software Developer) mit fachlicher Verantwortung in Level 2 lautet: *Software Developer - Technical Coordinator.*

Der Titel für beispielsweise einen Softwareentwickler (Software Developer) mit fachlicher Verantwortung in Level 3 lautet: *Software Developer - Technical Lead.*

Sie müssen nicht exakt diese Bezeichnungen für Ihre Titelergänzungen wählen. Wichtig ist jedoch, dass Sie diese Gruppe der Mitarbeiter berücksichtigen und deren Status entsprechend mit einer Ergänzung im Titel hervorheben. Bei der genauen Bezeichnung der Titelergänzungen können Sie auch gerne die betroffenen Mitarbeiter einbeziehen und diese nach Ihrer Meinung fragen. Recherche ist in diesem Modell ein sehr wichtiger Arbeitsprozess, der selbstverständlich auch die Recherche im eigenen Unternehmen sowie die Befragung der Mitarbeiter mit einbezieht.

3.6 Benötigt man für jeden Jobtitel eine Rollenbeschreibung?

Rollenbeschreibungen werden heutzutage leider sehr vernachlässigt und oft nicht mehr sauber ausformuliert. In einigen Unternehmen gibt es Rollenbeschreibungen, jedoch kann es vorkommen, dass diese nicht auf die jeweilige Position zugeschnitten sind. Es ist verständlich, dass Rollenbeschreibungen nicht ausreichend Aufmerksamkeit geschenkt wird, denn die Ausarbeitung von Rollenbeschreibungen ist sehr aufwendig und zeitintensiv. Hinzu kommen die Zweifel, welche Punkte man in eine Rollenbeschreibung aufnehmen sollte. Es gibt viele Beispiele dazu, die im Internet oder der Fachliteratur zu finden sind. Sie können auch Vorlagen aus dem Internet herunterladen und ggf. verwenden.

Die Frage, die man sich hier sicherlich stellen muss, ist allerdings: Bringen mich diese vorgefertigten Vorlagen aus dem Internet in meinem Vorgehen und meiner Planung weiter? Rollenbeschreibungen sollten exakt Ihren individuellen Bedürfnissen im Unternehmen entsprechen und dadurch maßgeschneidert entwickelt werden. Verwerfen Sie daher alles Wissen, das Sie bis heute zu Rollenbeschreibungen haben. Diese Ideen würden Sie in der passgenauen Entwicklung Ihrer eigenen Rollenbeschreibungen behindern. Ich gebe Ihnen in diesem Buch viele Anhaltspunkte und Beispiele für die optimale Entwicklung einer Vorlage für Ihre eigenen Rollenbeschreibungen.

Ich habe mich oft gefragt, weshalb Rollenbeschreibungen so selten sind oder unzureichend dargestellt werden. Vermutlich liegt dies wirklich an der inneren Blockade, die man verspürt, wenn man an dieses Thema denkt. Es gibt in unseren Gedanken oft keine halben Sachen, ein Mittelmaß ist bei den meisten Menschen selten anzutreffen. So möchte man auch perfekte und passgenaue Rollenbeschreibungen erstellen und merkt schnell, dass dies aufgrund des Umfanges für das ganze Unternehmen eigentlich nicht machbar ist, und lässt es dann eher ganz sein. Denken Sie hierbei an Ihren eigenen Jobtitel: Füllen Sie wirklich die Position aus, die Ihnen Ihr Jobtitel verleiht? Machen Sie ggf. viel mehr, als von Ihrer Position oder Rolle laut Titel erwartet wird? Ich selbst bin ja Recruiterin und beschäftige mich aber neben den Themen in der Personalbeschaffung auch mit Karrieremodellen und der Personalentwicklung. Passt die Rollenbeschreibung des Recruiters demnach zu mir? Eigentlich passt sie nicht zu hundert Prozent zu mir. Genau so ergeht es vielen Mitarbeitern im Unternehmen. Jede Rolle kann sehr individuell und spezifisch sein. Der Fehler besteht darin, dass wir exakte Rollenbeschreibungen für die einzelnen Mitarbeiter entwickeln wollen. Bitte trennen Sie sich von diesem Gedanken und legen diese Blockaden ab. Sie werden es niemals schaffen, die Rollenbeschreibungen für jeden einzelnen Mitarbeiter zu entwerfen. Vielmehr sollten Sie die Gruppe der Mitarbeiter im jeweiligen Jobtitel betrachten und dafür die passenden Rollenbeschreibungen erstellen. Ausreißer wird es immer geben, das ist auch vollkommen akzeptabel. So, wie wir Menschen uns in der Regel nicht ähnlich sehen, werden sich auch die Tätigkeiten der Mitarbeiter trotzt desselben Jobtitels nicht immer ähneln.

Um diesen Gedanken besser zu manifestieren, möchte ich Ihnen ein Beispiel geben:

Beispiel

Softwareentwickler können in unterschiedlichen Abteilungen im Unternehmen tätig sein. Der Softwareentwickler in der Abteilung A beschäftigt sich beispielsweise mit der Entwicklung einer Software für die Telekommunikationsbranche und nutzt andere Technologien als der Softwareentwickler in der Abteilung B, der für die Automobilbranche tätig ist und daher andere Technologien verwenden wird. Fokussieren Sie sich hier bitte nicht auf die Abteilungen A und B, sondern vielmehr auf die Position des Softwareentwicklers und demnach auf seine Kernaufgabe: die Softwareentwicklung. Die Branche/ Abteilung, in der er sich dabei befindet bzw. welche Technologie er verwendet, ist erst einmal zweitrangig.

Rollenbeschreibungen haben sehr viele Vorteile zu bieten und sollten daher eine besondere Aufmerksamkeit in Ihrem Unternehmen genießen. Sie dienen zum einen als Anhaltspunkte für die Mitarbeiter und Führungskräfte, beschreiben Qualifikationen sowie Anforderungen für die jeweilige Stelle und helfen zum anderen dem Recruiting bei der Besetzung der offenen Vakanzen. Durch Rollenbeschreibungen lassen sich nämlich Stellenausschreibungen einfacher gestalten und definieren.

In meinem Karrieremodell hat jeder Jobtitel eine eigene Rollenbeschreibung, jedoch nicht jeder einzelne Mitarbeiter.

3.7 Kombination aus Karriere- und Kompetenzmodell

Der Begriff Kompetenzmodell wirkte für mich immer sehr erschlagend und ich muss zugeben, dieses Thema schreckte mich auch immer wieder ab. Es gibt diesbezüglich zahlreiche Publikationen und unterschiedliche Meinungen sowie Modelle.

Immer wieder habe ich mir die Frage gestellt, welches Modell für uns am besten geeignet ist und ob wir mit unserer Aufstellung und Kapazität in der Personalabteilung überhaupt in der Lage sind, ein gutes Kompetenzmodell zu entwerfen. Braucht man hierzu nicht ausgebildete Psychologen? Letztendlich geht es um die Einschätzung der Kompetenzen von Mitarbeitern sowie die Möglichkeit, diese optimal im Unternehmen einzusetzen. Wie genau macht man so etwas und wie machen das andere Unternehmen? Kennen Sie diese Fragen und können Sie sich damit auch identifizieren? Es war mir von Anfang an klar, dass die Gestaltung eines Kompetenzmodells nicht einfach sein wird, da hier der Faktor Mensch eine ganz große Rolle spielt. Jedoch wollte ich hier etwas entwerfen, das von allen Mitarbeitern verstanden wird und vor allem auch gelebt wird. Es sollte nicht nur noch ein weiteres Modell sein, das die Personalabteilung entwirft und das einen zwingt, Fragebögen auszufüllen. Das Ganze sollte wie das Karrieremodell auch Sinn machen und mit diesem bestmöglich harmonieren.

Nach zahlreichen Recherchen in spezieller Fachliteratur sowie im Internet kam ich zu dem Entschluss, dieses Thema so einfach und effizient wie möglich zu gestalten. Mir war es zunächst wichtig, keine komplizierten und schwer durchzuführenden bzw. auszuwertenden Kompetenzmodelle einzuführen. Das Modell sollte dem wesentlichen Zweck dienen, dem Mitarbeiter seine eigenen Kompetenzen zu spiegeln und diese mit den Anforderungen aus dem Leitbild und den Werten des Unternehmens zu kombinieren.

Außerdem wollte ich eine schöne und übersichtliche Lösung für die kombinierte Darstellung der Rollenbeschreibungen mit dem Kompetenzmodell. Zwei unterschiedliche Inhalte und Darstellungen kamen für mich nicht infrage. Außerdem stellte ich mir die Frage, ob ich für dieses Modell die gängigsten Kompetenzen (Fachkompetenz, Methodenkompetenz, Selbstkompetenz, Sozialkompetenz) verwende oder mir aus diesen Kompetenzen, das heraussuche, was ich wirklich benötige.

Meine Lösung ist zwar aufwendig, jedoch auch übersichtlich und transparent dargestellt. Besonders wichtig bei der Darstellung und Entwicklung des Kompetenzmodells sind meiner Meinung nach insgesamt drei Betrachtungsweisen:

1. Selbsteinschätzung des Mitarbeiters (Ist),
2. Kompetenzanforderungen für die jeweilige Position (Soll) und
3. Einschätzung der Führungskraft über die vorhandenen Kompetenzen des Mitarbeiters (Ist).

Wie schafft man es jedoch, diese aufgeführten Betrachtungsweisen abzubilden? Dafür benötigt man eine Art der Datenerhebung, mit der dann entsprechende Auswertungen aufgestellt und ggf. auch Maßnahmen abgeleitet werden können. Hier fängt der ›Knoten im Kopf‹ an. Wie soll ich denn so eine Erhebung anstellen? Ich habe mich daran gewagt und festgestellt, dass ich zwei Arten der Befragung benötige:

1. Befragung der Mitarbeiter und Führungskräfte zu den Kompetenzanforderungen der jeweiligen Position und
2. Selbsteinschätzung des Mitarbeiters bezüglich seiner Kompetenzen und seiner Position. Gleicher Befragungsbogen für die Führungskraft, um die Einschätzung für seinen Mitarbeiter vorzunehmen (Fremdeinschätzung).

Der Knoten im Kopf hat sich damit noch nicht vollständig gelöst. Es gibt unterschiedlichste Arten der Datenerhebung. Entwerfe ich einen Fragebogen und welche Antwortmöglichkeiten soll ich diesem geben? Sollen die Beteiligten mit offenen Kommentaren antworten oder doch besser Kreuze setzen? Wie erhebe ich anschließend die Daten und leite daraus gute Resultate für alle Beteiligten ab? Auch hier habe ich versucht, meinen Kopf frei zu machen, und mir immer wieder den Nutzen und meine maßgebliche Forderung vor Augen geführt: kein kompliziertes Modell, welches nicht nachvollziehbar ist und zu Frustration führen kann.

Insbesondere die Einbeziehung der Mitarbeiter war für mich ein wichtiger Faktor. Ganz oft werden Kompetenzmodelle über sämtliche Köpfe hinweg erstellt und beschlossen. Wie aber kann man dies ohne den Input der Stelleninhaber tun?

Sie erhalten von mir in späteren Abschnitten des Buches eine detaillierte Beschreibung der Befragung und der passenden Fragebögen. Ich werde Ihnen hier auch Beispiele aufzeigen. Außerdem begleite ich Sie durch die Auswertung der Fragebögen sowie deren Darstellung. Die Eignungsdiagnostiker mögen hier ggf. mit meiner Lösung nicht einverstanden sein. Jedoch bin ich keine ausgebildete Eignungsdiagnostikerin und habe nach einem pragmatischen, aber effektiven Weg gesucht.

Voraussetzungen für ein Kompetenzmodell sind jedoch klare Ziele des Unternehmens und damit eingehend auch dessen Leitbild sowie seine Unternehmenswerte. Sind die Ziele des Unternehmens und somit das Leitbild nicht klar, können Sie nur sehr schwer ein Kompetenzmodell erschaffen. Auf welcher Basis soll dann dieses Kompetenzmodell angelegt werden? Erschreckender Weise musste ich immer wieder feststellen, dass viele Unternehmen keine klaren Ziele haben, geschweige denn ein Leitbild oder Unternehmenswerte. Hier agiert man dann oft nach Bauchgefühl oder stellt den Unternehmensumsatz an die höchste Position. Der Unternehmensumsatz kann aber nur mit gutem Personal erreicht und verbessert werden.

Sind die Unternehmensziele klar definiert, kann man diese auf die entsprechenden Abteilungen anpassen und Teilziele definieren. In der Regel übernimmt dies auch die Personalabteilung mit Hilfe des Managements. Die Führungskräfte haben dann auch die Aufgabe, diese Ziele stets im

Auge zu behalten und zu erfüllen. Die entsprechenden Mitarbeiter werden von der Führungskraft so ausgewählt, dass diese Ziele auch erreicht werden. Für die Erfüllung der Ziele muss die Führungskraft jedoch wissen, was sie in ihrer Abteilung an Kompetenzen benötigt. Diese legt sie dann mit einem Fragebogen fest. Es macht keinen Sinn, einen Mitarbeiter beispielsweise für administrative Aufgaben einzusetzen, wenn dieser keine ausgereifte Kompetenz hierzu hat. Die Führungskraft sollte die Balance zwischen den Kompetenzen und den Karrierewünschen der Mitarbeiter aufrechterhalten. Das Kompetenzmodell dient außerdem ausgezeichnet dazu, dem Mitarbeiter zu reflektieren, wie er wahrgenommen wird und was er ggf. noch verändern kann.

Optimalerweise kann man bei einer Kombination des Karrieremodells mit dem Kompetenzmodell die Mitarbeiter nicht nur in der Karriere weiterentwickeln, sondern ihnen auch ihre Kompetenzen aufzeigen und diese bei Bedarf sogar weiterentwickeln. Außerdem dient es dazu, dass die Mitarbeiter richtig auf die entsprechenden Positionen gesetzt werden und diese auch optimal ausfüllen können.

In meinem Buch und Karrieremodell geht es primär um den Mitarbeiter bzw. die Führungskraft und deren Rollenbeschreibung und Kompetenzmodell. Jedoch ist es wichtig zu erwähnen, dass das Kompetenzmodell viel tiefer gehen kann und man dies unbedingt später beachten muss. Wenn ein Kompetenzmodell aufgestellt ist, dient es unter anderem auch dazu, die Kompetenzen im Team auszuwerten und dadurch auch die Schwächen im Team auszugleichen. Dies kann dann mit ausgearbeiteten Anforderungsanalysen erfolgen, hier schaltet sich das Recruiting ein. Mein Fokus in diesem Buch ist jedoch nicht, Ihnen die optimale Teamzusammensetzung aufzuzeigen. Dieses Thema ist sehr umfangreich und bedarf eines eigenen Fachbuchs.

3.8 Der Zusammenhang zwischen Karrieremodell und Trainingskatalog

An was denken Sie zuerst, wenn Sie ›Personalentwicklung‹ hören? Vermutlich denken Sie auch – wie die meisten Menschen – an Weiterbildungen und Trainings. Tatsächlich hat es sich zum Teil in den Köpfen manifestiert, dass die Personalentwicklung dafür da ist, die Trainings für die Mitarbeiter durchzuführen oder geeignete Trainings ausfindig zu machen. Heutzutage ist Personalentwicklung aber viel mehr als nur ein ein Teilbereich der Personalabteilung, das einen Trainingskatalog erstellt.

Die Personalentwicklung stellt definitiv eines der Herzstücke des Unternehmens und der Personalabteilung dar. Auf dem heutigen Arbeitsmarkt zählen für die Bewerber unter anderem die Weiterentwicklungs- sowie Weiterbildungsmöglichkeiten in einem Unternehmen zu den wichtigsten Rahmenbedingungen. Vor allem bei der Rekrutierung in der IT-Branche ist das Weiterbildungsangebot neben den interessanten Technologien und Projekten teilweise ausschlaggebend für den Wechsel des Kandidaten. Viele Unternehmen haben diesen Trend erkannt und richten ihr Marketing bereits dementsprechend aus. Was versprochen wird, kann jedoch nicht immer gehalten werden. Welcher Grund steckt dahinter? Warum kann kein sauberer Trainingskatalog für die Mitarbeiter und Führungskräfte erstellt und angeboten werden? Natürlich gilt dies definitiv nicht für alle Unternehmen. Ich kenne Unternehmen, bei denen ein ausgezeichnetes System aufgebaut worden ist, das einwandfrei funktioniert. Vielmehr ist die Rede von Unternehmen, die hier bisher zu wenig investiert oder sich mit der Thematik noch nicht richtig auseinandergesetzt haben.

Teilweise gibt es auch verständliche und nachvollziehbare Gründe. So haben die Mitarbeiter der Personalabteilung die Entwicklung eines Trainingskataloges üblicherweise nicht während des Studiums oder der Ausbildung beigebracht bekommen. Es gibt zudem die unterschiedlichsten Modelle und Empfehlungen, die während des Studiums oder der Ausbildung oft nur angerissen werden können. Die Erstellung und Implementierung eines Trainingskatalogs in einem Unternehmen ist zudem sehr individuell und muss den Gegebenheiten des Unternehmens angepasst werden.

Ein anderer Grund für ein mangelhaftes Angebot an Trainings und Weiterbildungen kann die knappe Kapazität im Unternehmen sein. Vor allem in kleineren Unternehmen ist die Personalabteilung sehr ›übersichtlich‹ besetzt und es gibt keine freien Kapazitäten, um eine funktionierende Personalentwicklung aufzubauen. Betrachtet man einen der Hauptgründe für Kündigungen im Unternehmen, merkt man schnell, dass der Kündigung häufig mangelnde Weiterentwicklungsmöglichkeiten zu Grunde liegen. Damit sind nicht nur ein funktionierendes Karrieremodell gemeint, sondern darüber hinaus auch die Angebote und Möglichkeit für interne und externe Weiterbildungsangeboten und Trainings. Wenn dies also einer der Hauptgründe für Kündigungen ist, weshalb investiert man dann nicht in eine funktionierende Personalentwicklung und kann damit zumindest ein Stück der Fluktuation entgegenwirken? Sicherlich wird man zu keinem Zeitpunkt jeden Mitarbeiter zufriedenstellen können. Die Investition in die Mitarbeiter zahlt sich in den meisten Fällen aber trotzdem aus und wirkt sich positiv auf das Unternehmensergebnis aus.

Faktoren, die den Trainingsplan beeinflussen, sind unter anderem das verfügbare Budget und dessen Vergaberegelungen sowie auch die Unternehmenskultur und die Ziele des Unternehmens. Daraus ergeben sich unter anderem folgende Fragen, die man vorher klären sollte: Hat jeder Mitarbeiter ein entsprechendes Budget zur Verfügung und kann dies frei einsetzen? Welches Regelwerk steckt hinter einem Training, was muss ich als Mitarbeiter tun, um ein Training absolvieren zu können?

Wie kann man nun für sein Unternehmen einen passenden Trainingskatalog entwerfen und diesen in sein Karrieremodell einbetten? Einen Trainingskatalog zu entwerfen bedeutet, viele Faktoren gleichzeitig zu beachten und dennoch das Beste daraus zu erzielen (s. Abb. 18).

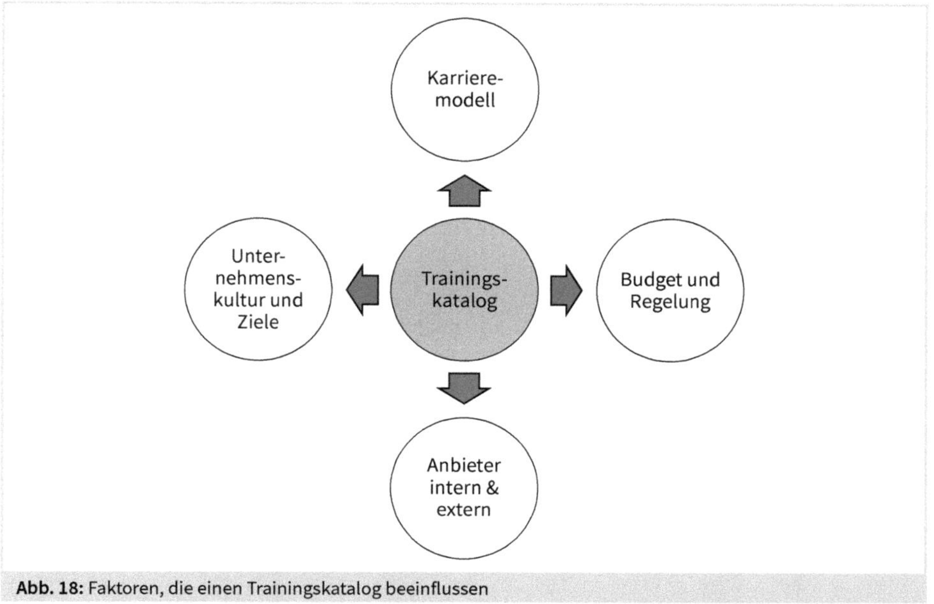

Abb. 18: Faktoren, die einen Trainingskatalog beeinflussen

Der Trainingskatalog ist ein Teil meines Karrieremodells und hier als in ihm integriert zu betrachten. Es stellt kein Sonderthema dar und wird auch nicht so behandelt. Sie müssen sich das Ganze wie einen Kreislauf vorstellen. Jeder Jobtitel hat eine Rollenbeschreibung, Gehaltsbandbreiten, ein Kompetenzmodell sowie nun auch einen Trainingskatalog.

Konkret bedeutet das, dass jeder Jobtitel eine Reihe von Trainings enthält, die sowohl der fachlichen als auch der persönlichen Weiterbildung dienen. Neben Pflichttrainings sollten auch freiwillige Trainings angeboten werden, die der Mitarbeiter und die Führungskraft zusätzlich machen kann. Die Personalentwicklung holt hierzu die benötigten Dienstleister an Bord und kümmert sich um die Aktualität der angebotenen Trainings. In der Personalmanagement-Software kann man in der Regel bei jedem Mitarbeiter diese Pflichttrainings sowie freiwilligen Trainings anlegen und entsprechend nachverfolgen.

Neben der ganzen Administration ist der Inhalt der Trainings sehr wichtig und bedarf einer sauberen Aufbereitung. Ausschlaggebend für die Auswahl der passenden Trainings je Jobtitel ist der Input der Mitarbeiter sowie Führungskräfte. Da Sie Befragungen zu der Rollenbeschreibung durchführen werden, empfehle ich Ihnen, hier einige Fragen für die Erstellung des Trainingskatalogs gleich mit einzubauen.

Einen weiteren Tipp möchte ich Ihnen zu einer sehr guten E-Learning-Plattform geben. Ich möchte hier keine Werbung machen, sondern Ihnen lediglich eine Plattform empfehlen, die für mein Karrieremodell sehr gut passt und auch von Mitarbeitern und Führungskräften geschätzt wird: die E-Learning-Plattform ›LinkedIn Learning‹. Auf dieser Plattform können Sie aus über 17.000 Trainingsvideos so ziemlich alle Themengebiete wählen. Außerdem können eigene Videos hochgeladen und den eigenen Mitarbeitern zur Verfügung gestellt werden. Viele der Trainings schließt man mit einem Zertifikat ab. Es ist zudem möglich, das Karrieremodell dort entsprechend darzustellen und den jeweiligen Jobtiteln die passenden Trainings zuzuweisen. ›LinkedIn Learning‹ bietet noch einige weitere Funktionen an, über die Sie sich gerne informieren können.

Um die Unterscheidung zur Nutzung der Personalmanagement-Software und der Plattform ›LinkedIn Learning‹ zu gewährleisten, möchte ich beide Tools nochmals darstellen:

Merke

›LinkedIn Learning‹ ist eine Plattform gefüllt mit vielen guten Inhalten rund um die fachliche und persönliche Weiterbildung. Die Darstellung der absolvierten Trainings, die Ablage der Zertifikate etc. sollte dann auch entsprechend in der digitalen Mitarbeiterakte im Personalmanagementsystem erfasst werden.

Selbstverständlich ist ›LinkedIn Learning‹ nicht die einzige Plattform, um auf gute Weiterbildungen und Trainings zurückzugreifen oder diese anzubieten. Sie werden immer wieder auch auf andere Anbieter sowie Präsenztrainings zurückgreifen.

Haben Sie sich nicht auch immer gewünscht, für Ihre eigene Laufbahn ein individuell aufbereitetes Weiterentwicklungspaket zu erhalten, welches zusätzlich durch eine professionelle Personalentwicklung begleitet wird und darüber hinaus in ein durchdachtes Karrieremodell eingebettet ist? Genau das, können Sie jetzt möglich machen!

3.9 Mitarbeitergespräche und das Format dahinter

Wie in Kapitel 2 bereits beschrieben, sind Mitarbeitergespräche ein sehr gutes Instrumentarium, um dem Mitarbeiter Feedback zu geben und auch detailliert über die Wünsche, Sorgen und Gedanken des Mitarbeiters zu sprechen. Der Mitarbeiter sollte diese Gespräche auch nutzen, um seinerseits der direkten Führungskraft entsprechendes Feedback zugeben.

Sicherlich gibt es Mitarbeiter, die mehr in diesen Gesprächen erzählen oder die eigenen Gedanken zu Wort bringen. Jedoch gibt es auch immer wieder Mitarbeiter, die sich hier nicht trauen oder wenig zu sagen haben. Damit das Gespräch effektiv durchgeführt werden kann, empfehle ich gut ausgearbeitete Gesprächsbögen, die von dem Mitarbeiter und der Führungskraft vor dem Gespräch ausgefüllt und beantwortet werden und anschließend während des persönlichen Gesprächs Punkt für Punkt besprochen werden. Diese Mitarbeitergesprächsbögen sind eine Art roter Faden und dienen unter anderem auch für beide Seiten zur Orientierung.

Diese Gesprächsbögen sollten jedoch nicht den Rahmen für weitere Punkte im Gesprächsverlauf nehmen, die darauf ggf. nicht erfasst sind. Der Fokus auf den Mitarbeiter und seine individuellen Bedürfnisse sollte dabei nicht verloren gehen, indem man sich zu stark auf den Bogen fixiert.

Immer wieder habe ich erlebt, dass die Mitarbeitergesprächsbögen unzureichend ausgearbeitet waren. Teilweise waren die Bögen zu kompliziert gestaltet und die Mitarbeiter und Führungskräfte unzureichend in der sinnvollen Nutzung geschult. Der Hintergrund und der Nutzen dieser Bögen wurden ebenso nicht richtig kommuniziert. Dies führt dazu, dass der Bogen zwar jeweils von dem Mitarbeiter und der Führungskraft ausgefüllt wurde, jedoch auch nur, da dies von der Personalabteilung vorgegeben war. Diese Bögen verschwinden dann in den Akten und werden bis zum nächsten Mitarbeitergespräch nicht mehr betrachtet.

Der Mitarbeitergesprächsbogen ist aber eigentlich ein großartiges Instrumentarium, wenn dieser richtig ausgearbeitet und eingesetzt wird. Es nützt nichts, wenn man einen Bogen für das gesamte Unternehmen ausarbeitet und dieser beispielsweise für die Fachkarriere und die Managementkarriere gleichermaßen gilt. Des Weiteren sollte in einem Mitarbeitergesprächsbogen auch immer das Thema Kompetenzen einen Platz finden. Daher macht ein universeller Gesprächsbogen keinen Sinn.

Für das Karrieremodell habe ich für jeden Jobtitel die Rollenbeschreibungen entworfen und das entsprechende Kompetenzmodell hinterlegt. Daraus habe ich dann für jeden Pfad bzw. Unterpfad die Mitarbeitergesprächsbögen abgeleitet und erstellt. Dies hört sich zunächst nach sehr viel Arbeit und Aufwand an. Sie werden jedoch merken, dass Ihnen die Gestaltung der Bögen sehr leicht von der Hand gehen wird, wenn die Rollenbeschreibung und das Kompetenzmodell sauber ausgearbeitet sind.

Das ausgewählte Medium für die Erstellung der Gesprächsbögen stellt sicherlich auch eine wichtige Entscheidung dar. Ich empfehle Ihnen hier, dass diese Bögen den Mitarbeitern und Führungskräften in digitaler Form zur Verfügung gestellt werden. Das Personalmanagementsystem, das ich genutzt habe, bietet diese Option an. Da ich das Karrieremodell hier bereits hinterlegt hatte, konnte ich darauf aufbauend nicht nur die Rollenbeschreibungen und das Kompetenzmodell abbilden, sondern auch entsprechende Mitarbeitergesprächsbögen. Die Mitarbeiter haben auf ihre Rollenbeschreibungen und das Kompetenzmodell über einen sogenannten »Employee Self Service Center« Zugriff und können jederzeit Einsicht darauf nehmen. Bei anstehenden Mitarbeitergesprächen ist es über das Personalmanagementsystem möglich, einen entsprechenden Termin zwischen Führungskraft und Mitarbeiter einzustellen und auf den passenden Bogen zuzugreifen. Das Ausfüllen des Bogens findet dann direkt in diesem System statt.

In Kapitel 4 erhalten Sie detailliertere Informationen zu den Mitarbeitergesprächsbögen und eine Anleitung für deren Entwicklung.

3.10 Immer wieder heiß diskutiert: Gehaltsbandbreiten und Equal Pay

Gehaltsbandbreiten sind aus meiner Sicht Anhaltspunkte für den aktuellen Marktwert der Mitarbeiter und gehören definitiv in ein Karrieremodell. Ohne ermittelte und festgelegte Gehaltsbandbreiten wird unter Teams immer eine gewisse Unruhe herrschen, denn ohne Gehaltsbandbreiten kann jeder Mitarbeiter entsprechend seiner eigenen Verhandlungskünste sein Gehalt aushandeln. Auch wenn das Gehalt ein Tabuthema in Deutschland ist, wollen wir einmal ganz ehrlich sein: Jeder spricht darüber und vergleicht sich mit anderen Kollegen.

Dabei darf man natürlich auch nicht alle Unternehmen über einen Kamm scheren. Es gibt sicherlich Unternehmen, die ganz offen mit diesem Thema umgehen und bereits mit dem neuesten Trend gestartet sind, die Gehaltsbandbreiten auch auf Stellenanzeigen zu erwähnen. Dann gibt es aber auch Unternehmen, bei denen das Thema Gehalt immer noch sehr kompliziert, intransparent und verschlossen gehandhabt wird. Aber weshalb ist das so? Auch darüber habe ich mir viele Gedanken gemacht und auch für mich sämtliche Recherchen durchgeführt. Die Begründung für eine Intransparenz der Gehälter ist vermutlich, dass sich bisher keiner bzw. nur wenige Gedanken darüber gemacht haben, ob die bezahlten Gehälter auch zum jeweiligen Markt passen und darüber hinaus der Mitarbeiter entsprechend seiner Tätigkeit und Verantwortung bezahlt wird. Resultierend aus dieser Gedankenlosigkeit wurden je nach Verhandlungskunst des Mitarbeiters und der Erfahrung der Führungskraft in Verbindung mit seinem Budget die Gehälter vergeben. Dies führt dazu, dass es deutliche Unterschiede zwischen den Gehältern der Mitarbeiter gibt, selbst wenn diese die gleiche Tätigkeit ausführen.

Wenn man nun beispielsweise ein Karrieremodell und damit Gehaltsbandbreiten neu einführt, wird man schnell merken, dass es eine Ungleichheit unter den Gehältern gibt. Einige Mitarbeiter verdienen für ihre Tätigkeit zu wenig, andere Mitarbeiter erhalten für ihre Tätigkeit ein zu hohes Gehalt. Die Mitarbeiter mit dem geringeren Gehalt kann man sicherlich einfacher kompensieren und anpassen als die Mitarbeiter mit dem zu hohen Gehalt, denn eine Kürzung des Gehaltes ist nicht angebracht und auch nicht möglich. Verständlicherweise wollen genau deshalb diese Unternehmen die Gehaltsbandbreiten nicht veröffentlichen. Letztendlich könnte dies dann auch zu einer inneren Unruhe führen. Strategisch entscheidet man sich dann dagegen und riskiert die Auffindbarkeit in den großen Jobportalen, da diese mittlerweile teilweise die Gehaltsbandbreiten für eine Sichtbarkeit erbracht haben wollen.

Meiner Meinung nach müssen Führungskräfte auch nicht Profis in Gehaltsbandbreiten sein. Die Personalabteilung sollte hier definitiv unterstützen, immer wieder den Markt beobachten, die Führungskräfte darin auch schulen und über die Gehaltsbandbreiten regelmäßig (am besten jährlich) berichten.

Das Thema Gehaltsbandbreiten wird leider auch nicht im Studium oder in der Ausbildung gelehrt. Vielmehr basiert dieses Wissen i. d. R. auf einem intensiven Selbststudium und der Beobachtung der entsprechenden Branche und des Markts. Dies trifft selbstverständlich nur auf die freie Wirtschaft zu. Im öffentlichen Dienst sind die Gehälter beispielsweise durch Tarifverträge geregelt. Einige Konzerne haben auch Gehaltslevel festgelegt, deren Erreichung für die Mitarbeiter und Führungskräfte mit Bedingungen wie Berufserfahrung, Ausbildung etc. verknüpft sind.

Immer wieder liest man in diversen Medien etwas über »Equal Pay«, was übersetzt einfach nur »gleiches Gehalt« bedeutet. Meiner Meinung nach ist dieses Thema sehr ermüdend. Gehälter sollten nach der Tätigkeit und der Verantwortung bezahlt werden und nicht nach Sympathie oder Verhandlungsgeschick. Dabei ist es egal, ob diese Tätigkeit von einem Mann, einer Frau oder einer diversen Person durchgeführt wird. Außerdem ist es auch nicht relevant, wo dieser Mitarbeiter stationiert ist bzw. wo er lebt. Immer wieder gerate ich in Diskussionen, dass man beispielsweise in München mehr verdient sollte als z. B. in Hannover. Mag sein, dass die Lebenskosten in München höher als in Hannover sind und einige Unternehmen hier einen Zuschlag zahlen; das ist jedoch nicht fair gegenüber den Mitarbeitern in Hannover. Letztendlich sollte ausschließlich die Tätigkeit und die Verantwortung im Fokus stehen und nicht der Lebensraum oder das Geschlecht.

Es gibt zahlreiche Publikationen darüber, dass nicht nur Frauen weniger als Männer verdienen, obwohl diese die gleiche Tätigkeit ausführen, sondern auch Menschen, die beispielsweise für den Vorgesetzten nicht als attraktiv genug gelten. Da mich dieses Thema immer wieder sehr beschäftigt hat, habe ich während meines Studiums eine Hausarbeit über das Thema »Gewichtsdiskriminierung im Beruf« geschrieben. Erschreckend musste ich feststellen, dass in der Tat das äußere Erscheinungsbild ausschlaggebend für das Gehalt bzw. in einem Bewerbungsgespräch für die Position sein kann. Menschen, die unter Adipositas leiden, wurden mit deutlich geringerem Gehalt eingestellt als Menschen, die ein attraktives Erscheinungsbild hatten. Diese Tatsache ist erschreckend, wenn es sich um die ein und dieselbe Tätigkeit handelt.

Sehr oft kommt es vor, dass Menschen aufgrund einer positiven Eigenschaft (beispielsweise einem attraktiven Erscheinungsbild) auf andere sympathisch wirken. Daraus schließt man oft, dass dieser attraktive Mensch sicherlich auch gut in allen anderen Dingen ist. Man schließt von einer bekannten Eigenschaft auf unbekannte Eigenschaften. In der Sozialpsychologie wird dieser Effekt auch »Halo-Effekt« genannt. Sind sich Mitarbeiter und Führungskraft sehr ähnlich, kann dies auch dazu führen, dass der Mitarbeiter hier bevorzugter behandelt wird. Hier spricht man von dem »Similar to me effect«.

Merke

Der *Halo-Effekt* wird im Deutschen auch Heiligenschein-Effekt genannt. Er beruht auf einer kognitiven Verzerrung mit falschen Schlussfolgerungen.

Bitte entschuldigen Sie diesen kurzen Exkurs in Richtung Psychologie. Ich finde dieses Thema jedoch sehr wichtig und wollte Ihnen dazu mehr Informationen an die Hand geben. Das Thema Gehalt ist immer noch ein sensibles Thema, welches meiner Meinung nach jedoch endlich transparenter gehandhabt werden muss. Bitte schulen Sie hierzu vor allem Ihre Führungskräfte und erklären gerne auch psychologische Faktoren wie den »Halo-Effekt« und »Similar to me effect«. Der Fokus des ganzen Unternehmens sollte auf der Tätigkeit und Verantwortung der Mitarbeiter und Führungskräfte liegen und nicht auf deren Attraktivität oder anderen positiven Eigenschaften. Gerne zeige ich Ihnen das an einem Beispiel, das Sie einsetzen können:

Beispiel

Bei einem Taxiunternehmen sind zwei Taxifahrer beschäftigt. Beide fahren das gleiche Fahrzeug zu den gleichen Arbeitszeiten. Einer der Taxifahrer hat eine akademische Ausbildung, der andere hat keinerlei Ausbildung. Die Tätigkeit ist jedoch dieselbe. Sollte der Taxifahrer mit der akademischen Ausbildung nun ein höheres Gehalt bekommen? Nein, sollte er nicht. Es geht hier rein um die Tätigkeit, die von beiden Taxifahrern gleich gut ausgeführt wird.

Sicherlich gibt es Berufe, die eine akademische Ausbildung voraussetzen, um die Komplexität der Tätigkeit besser ausführen zu können. Jedoch gibt es hier auch zahlreiche Ausnahmen, denken Sie immer an das Taxiunternehmen zurück.

Diese Faktoren können Sie bei der Vergabe von Gehältern sicherlich beeinflussen, sofern dies von Ihrem Unternehmen gewünscht ist. Leider kann man die Branche und deren Gehälter nicht beeinflussen. So werden die höchsten Gehälter aktuell in der Pharma- und IT-Industrie bezahlt. Hier regeln der Markt und die damit verbundenen Margen den Preis.

Sie sollten die Gehaltsbandbreiten für alle im Karrieremodell enthaltenen Jobtitel festlegen und hier keine Unterscheidung in Bezug auf Geschlecht oder Standort vornehmen. Sehr gerne teile ich hier die aktuellen Gehaltsbandbreiten, die ich intensiv recherchiert habe, mit Ihnen. Beachten Sie jedoch, dass es sich bei diesen Gehaltsbandbreiten um die IT-Branche handelt. Für die Schätzungen der Gehaltsbandbreiten habe ich keine Daten von Mitarbeitern oder dergleichen verwendet. Diese Bandbreiten in den Tabellen 23-26 sind lediglich Marktrecherchen mit öffentlich zugänglichen Gehaltsdetails wie z. B. auch Tarifverträge oder Gehaltsreports von diversen Job- und Karriereportalen und meine persönliche Erfahrung über viele Jahre hinweg. Demnach sind das Schätzungen aus meinen Beobachtungen. Es handelt sich hier ausschließlich um das Fixum. Alle weiteren Gehaltsbestandteile müssen daher dazugerechnet werden.

Zunächst finden Sie die Schätzungen der Gehaltsbandbreiten für die Fachkarriere (Professional Career) sowie deren Unterpfade in Tabelle 23. Zur besseren Übersichtlichkeit habe ich die Spalte der Unterpfade aus der Tabelle herausgenommen.

Jobtitel	Level	Gehaltsbandbreite	
		von	bis
Accountance Associate	1	36.000	45.000
Accountant	2	42.000	55.000
Senior Accountant	3	51.000	65.000
Expert IT Architecture	3	75.000	95.000
Senior Expert IT Architecture	4	91.000	120.000
Assistant	1	36.000	45.000
Assistant to the.../ Sales Assistant	2	42.000	60.000
Specialist Build & Configuration Mangement	2	60.000	72.000
Expert Build & Configuration Management	3	72.000	88.000
Senior Expert Build & Configuration Management	4	85.000	102.000
Consultant	1	46.000	58.000
Consulting Specialist	2	55.000	69.000
Consulting Expert	3	69.000	85.000
Senior Consulting Expert	4	85.000	112.000
Controlling Associate	1	40.000	52.000
Controller	2	46.000	60.000
Senior Controller	3	58.000	75.000
Customer Support Associate	1	42.000	52.000
Customer Support Manager	2	50.000	63.000
Senior Customer Support Manager	3	61.000	75.000
Digital Worksplace Engineer	1	46.000	58.000
Digital Worksplace Specialist	2	55.000	64.000
Digital Worksplace Expert	3	64.000	75.000
Senior Digital Worksplace Expert	4	75.000	87.000
Facility Associate	1	35.000	48.000
Facility Manager	2	45.000	58.000
Senior Facility Manager	3	56.000	65.000
Finance Associate	1	36.000	45.000

Jobtitel	**Level**	**Gehaltsbandbreite**	
		von	**bis**
Finance Specialist	2	43.000	55.000
Finance Expert	3	52.000	62.000
Graphic and Multimedia Designer	1	45.000	53.000
Specialist Graphic and Multimedia Design	2	52.000	63.000
Expert Graphic and Multimedia Design	3	61.000	75.000
Hardware Developer	1	45.000	55.000
Specialist Hardware Development	2	53.000	65.000
Expert Hardware Development	3	65.000	80.000
HR Associate	1	42.000	53.000
HR Specialist	2	52.000	65.000
HR Expert	3	63.000	80.000
HR Development Associate	1	42.000	53.000
HR Developer	2	52.000	65.000
Senior HR Developer	3	65.000	80.000
HR Administrator	1	40.000	50.000
HR Services Specialist	2	48.000	56.000
HR Services Expert	3	56.000	75.000
IT Administrator	1	44.000	52.000
Specialist IT Administration	2	50.000	62.000
Expert IT Administration	3	60.000	75.000
Marketing Communications Associate	1	42.000	50.000
Marketing Communications Manager	2	50.000	65.000
Senior Marketing Communications Manager	3	62.000	75.000
Online Marketing Associate	1	44.000	52.000
Online Marketing Manager	2	52.000	63.000
Senior Online Marketing Manager	3	63.000	75.000
Order Processing Associate	1	36.000	45.000
Order Processor	2	42.000	54.000

Jobtitel	Level	Gehaltsbandbreite	
		von	bis
Senior Order Processor	3	52.000	65.000
Production Worker	1	36.000	45.000
Production Specialist	2	42.000	52.000
Purchasing Associate	1	38.000	45.000
Purchasing Agent	2	43.000	58.000
Senior Purchasing Agent	3	55.000	65.000
Quality Associate	1	45.000	53.000
Specialist Quality Management	2	50.000	63.000
Expert Quality Management	3	61.000	75.000
Senior Expert Quality Management	4	72.000	86.000
Recruiting Associate	1	42.000	55.000
Recruiter	2	52.000	65.000
Senior Recruiter	3	63.000	82.000
Software Developer	1	44.000	55.000
Specialist Software Development	2	53.000	65.000
Expert Software Development	3	65.000	80.000
Software Consultant	2	50.000	63.000
Senior Software Consultant	3	63.000	74.000
Systemintegrator	1	45.000	54.000
Specialist Systemintegration	2	54.000	68.000
Expert Systemintegration	3	68.000	83.000
Systems Engineer	1	46.000	54.000
Specialist Systems Engineering	2	54.000	68.000
Expert Systems Engineering	3	68.000	83.000
Senior Expert Systems Engineering	4	83.000	105.000
Test Engineer	1	44.000	55.000
Testing Specialist	2	53.000	68.000
Testing Expert	3	68.000	83.000

Tab. 23: Schätzungen Gehaltsbandbreiten für die Fachkarriere (Professional Career)

In Tabelle 24 finden Sie die Schätzungen der Gehaltsbandbreiten für den Karrierepfad »Management«.

Jobtitel	**Level**	**Gehaltsbandbreite**	
		von	**bis**
Group Manager	3	67.000	108.000
Group Manager Consulting & Services North	3	82.000	95.000
Group Manager Consulting & Services South-East	3	82.000	95.000
Group Manager Consulting & Services South-West	3	82.000	95.000
Group Manager Digitalization	3	90.000	108.000
Group Manager Finance & Administration	3	67.000	85.000
Group Manager HiL Development	3	82.000	95.000
Group Manager HiL Project	3	76.000	93.000
Group Manager HR Development	3	82.000	95.000
Group Manager HR Services	3	78.000	92.000
Group Manager Internal Sales	3	75.000	94.000
Group Manager IT	3	75.000	96.000
Group Manager Marketing Communications	3	71.000	90.000
Group Manager Recruiting	3	85.000	98.000
Group Manager Sales	3	95.000	107.000
Group Manager Support & Consulting	3	76.000	94.000
Group Manager Telco Solutions	3	82.000	95.000
Group Manager Testautomation	3	85.000	96.000
Head of...	4	80.000	130.000
Head of Consulting & Services	4	95.000	130.000
Head of Digitalization	4	96.000	128.000
Head of Finance & Administration	4	85.000	96.000
Head of HiL Development	4	92.000	125.000
Head of HiL Project	4	90.000	115.000
Head of HR	4	92.000	109.000
Head of Internal Sales	4	88.000	100.000
Head of IT	4	93.000	110.000

Jobtitel	Level	Gehaltsbandbreite	
		von	bis
Head of Marketing Communications	4	88.000	100.000
Head of Sales	4	105.000	120.000
Head of Support & Consulting	4	88.000	105.000
Head of Telco Solutions	4	92.000	125.000
Head of Testautomation	4	92.000	125.000
Director	5	122.000	165.000

Tab. 24: Schätzungen Gehaltsbandbreiten Karrierepfad »Management«

Und in Tabelle 25 sind die Schätzungen der Gehaltsbandbreiten für den Karrierepfad »Projekt« aufgeführt.

Jobtitel	Level	Gehaltsbandbreite	
		von	bis
Project Coordinator	2	55.000	64.000
Project Manager	3	62.000	75.000
Senior Project Manager	4	75.000	90.000

Tab. 25: Schätzungen Gehaltsbandbreiten Karrierepfad »Projekt«

Zu guter Letzt sind die Schätzungen der Gehaltsbandbreiten für den Karrierepfad »Vertrieb« in Tabelle 26 aufgelistet.

Jobtitel	Level	Gehaltsbandbreite	
		von	bis
Business Developer	2	55.000	70.000
Business Development Manager	3	70.000	92.000
Senior Business Development Manager	4	92.000	105.000
Sales Associate	1	36.000	48.000
Sales Representative	2	46.000	56.000
Sales Manager	3	56.000	75.000
Sales Representative	2	55.000	70.000
Sales Manager	3	70.000	92.000
Senior Sales Manager	4	92.000	105.000

Tab. 26: Schätzungen Gehaltsbandbreiten Karrierepfad »Vertrieb«

Beachten Sie bitte auch, dass die Gehaltsbandbreite eines höheren Levels nicht mit dem Maximum starten muss. Wenn beispielsweise ein Teamleiter eine Gehaltsbandbreite zwischen 80.000 und 95.000 EUR/Jahr hat, bedeutet das nicht, dass die Gehaltsbandbreite der nächsthöheren Hierarchieebene bei 95.000 EUR startet. Hinzu kommt, dass diese Gehaltsbandbreiten zu keinem Zeitpunkt in Stein gemeißelt sind und es immer wieder Ausreißer geben wird, bei denen man aus inhaltlichen Gründen oder wegen einer gemischten Rolle ein Gehalt außerhalb der Bandbreite geben muss. Bitte sehen Sie diese als Anhaltspunkte und fixieren Sie sich nicht vollständig darauf.

Die Gehaltsbandbreiten ragen teilweise sehr weit auseinander. Dies hat mehrere Gründe. Zu einem betrachte ich die Gehälter überregional, um – wie oben beschrieben – keinen Standortbonus oder dergleichen zu gewähren. Zum anderen ist das Gehalt des Mitarbeiters oder der Führungskraft immer mit der Tätigkeit und damit auch mit der Verantwortung verbunden. Bringt ein Mitarbeiter bereits die fachlichen Voraussetzungen mit, kann dieser in dem Band etwas höher einsteigen. Jemand, der sich jedoch erst in dieses Level weiter hineinentwickeln muss, startet in der Regel auch bei der unteren Grenze der Bandbreite. Die Mitarbeiter sollen auch einen finanziellen Rahmen zur Motivation erhalten, innerhalb dessen Sie sich weiterentwickeln können.

In Bezug auf die Gehaltsfrage muss sich in vielen Köpfen noch etwas deutlich verändern. Ein weiterer wichtiger Punkt ist z. B., dass ein Teamleiter oder Fachabteilungsleiter weniger verdienen kann als seine Mitarbeiter. Mag sein, dass sich das sehr befremdlich anhört. Betrachtet man aber ausschließlich die Position, also die Tätigkeit und die Verantwortung, kann ein Mitarbeiter durchaus mehr verdienen als der direkte Vorgesetzte. Ist ein Mitarbeiter in der Fachkarriere auf Level 4 und hat den Status »Senior Expert« erreicht, kann dies beispielsweise der Fall sein. Diese Blockade gilt es, ebenso in den Köpfen zu lösen. Es wird nur die Position betrachtet, nicht die Hierarchie dahinter. Es mag sein, dass es sich kulturell so ergeben hat, dass Führungskräfte ein höheres Gehalt erhalten. Dies ist jedoch in keinem Gesetz niedergeschrieben. Die Spezialisten, also Fachkräfte, gewinnen immer mehr an Bedeutung auf dem Markt.

Das Thema Gehalt ist sicherlich ein sehr spannendes, jedoch auch sehr sensibles Thema. Mit der richtigen Kommunikation im Unternehmen und einer guten Transparenz werden Sie es jedoch schaffen, die meisten Mitarbeiter und Führungskräfte abzuholen. Erklären Sie hierbei auch immer die Hintergründe, weshalb es beispielsweise Gehaltsbandbreiten gibt und wie sich diese zusammensetzen. Es sollte nicht selbstverständlich sein, dass man mit längerer Betriebszugehörigkeit immer mehr Gehalt bekommt, der Faktor Zeit spielt nur eine begleitende Rolle!

4 Die Entwicklung des Karrieremodells

Vermutlich kreisen bereits die Gedanken in Ihrem Kopf: Wo soll ich anfangen bzw. was muss ich alles bedenken? Bitte seien Sie beruhigt. Sie erhalten von mir eine Schritt-für-Schritt-Anleitung, um ein ideales, auf Ihr Unternehmen zugeschnittenes Karrieremodell zu erschaffen, und daher können Sie diese Gedanken getrost zurückstellen.

Die Begriffserklärungen in Kapitel 2 werden Ihnen hier sicherlich immer wieder weiterhelfen. Empfehlenswert ist auch hin und wieder ein Blick in Kapitel 3, um die Ideen hinter der ganzen Thematik zu verstehen.

Dieses Kapitel 4 stellt das Herzstück dieses Buches dar und ist daher auch das Umfangreichste. Gemeinsam machen wir uns ab hier auf die Reise, um ein Karrieremodell zu gestalten und anschließend zu implementieren. Wir starten zunächst damit, die richtigen Medien und Ressourcen für das Projekt zu wählen und einzuplanen. Anschließend verschaffen wir uns einen Überblick über die bereits vorhandenen Jobtitel. Im Weiteren geht es dann um das Verständnis der Rollenbeschreibung und deren Abbildung. Das Kompetenzmodell trifft anschließend auf die Rollenbeschreibungen und es entsteht eine wundervolle Harmonie. Wir werden gemeinsam passende Mitarbeitergesprächsbögen entwerfen und Sie werden von mir viele Tipps für die Einordnung der Mitarbeiter in das neue Karrieremodell erhalten. Erweitert wird das Karrieremodell um den Trainingskatalog.

Die nachfolgenden Inhalte sind Anhaltspunkte für Sie. Gerne können Sie die Umsetzung genau wie beschrieben vornehmen, das ist jedoch nicht zwingend notwendig. Ihre Situation im Unternehmen erfordert an manchen Stellen sicherlich eine Abweichung. Bitte hinterfragen Sie nach jedem Schritt für sich, ob dies im Sinne Ihres Arbeitgebers bzw. Unternehmens ist und ob Sie sich damit wohlfühlen. Machen Sie sich Notizen direkt ins Buch oder auf einen Block, das hilft Ihnen sicherlich weiter.

4.1 Auswahl der richtigen Medien und Ressourcen

Sie sind nun an einem Punkt angelangt, an dem wir mit der Modellierung des Karrieremodells starten können. Davor empfehle ich Ihnen jedoch, sich zunächst ausreichend Gedanken über die Medien zu machen, die Sie immer wieder einsetzen werden, um dem Karrieremodell seine Form zu geben.

Mit Medien meine ich hilfreiche Software oder Tools, die Sie stets durch dieses große Projekt begleiten werden. Berechnen Sie bei der Auswahl Ihrer Medien auch die Pflegezeit mit ein. Umständliche Tools, die schwer zu bedienen sind, sowie Tools, die Sie neu hierfür anschaffen, sollten Sie besser nicht verwenden. Greifen Sie auf Medien zurück, mit denen Sie vertraut sind und die Sie griffbereit haben. Vielleicht besitzen Sie im Unternehmen auch ein Tool für die Abbildung von Prozessen und kennen sich damit gut aus. Gerne können Sie dieses Tool dann auch verwenden.

Um Ihnen Anhaltspunkte zu geben, liste ich Ihnen nachfolgend die Tools auf, die ich für die Erstellung meines Karrieremodells verwendet habe. Zu jedem Tool finden Sie auch den Verwendungszweck. Dies soll Ihnen lediglich als Ideengebung dienen und den Umfang der von mir genutzten Medien aufzeigen. Bitte überlegen Sie sich in Ihrem möglichen Rahmen, welche Tools für Sie hier in Frage kommen:

- *Microsoft Teams*: Hier habe ich einen eigenen Kanal erstellt und meine Stakeholder alle darauf zugreifen lassen. Alle notwendigen Dateien habe ich hier hinterlegt. Diese können direkt bearbeitet werden und sind daher jederzeit aktuell. Die Kommunikation mit den Stakeholdern fand fast ausschließlich über Microsoft Teams statt. Darüber hinaus gibt es hier auch die Möglichkeit, Tasks anzulegen und Verantwortliche hinzuzufügen. Vor allem, wenn Sie Informationen oder Input von anderen benötigen, kann diese Funktion sehr hilfreich sein.
- *Excel*: In Excel habe ich vermutlich am häufigsten gearbeitet. Die Abbildung meines Karrieremodells, die Liste der Stakeholder, der Zeitplan, die Gehaltsbandbreiten sind nur einige Beispiele dafür.
- *PowerPoint*: Für die Mitarbeiter- und Führungskräfteschulungen habe ich PowerPoint verwendet und teilweise auch Grafiken darin erstellt.
- *Word*: Ganz klassisch habe ich Word für diverse Schreibtätigkeiten verwendet. Unter anderem habe ich hier die Anschreiben für die Mitarbeiter und Führungskräfte erstellt, die das neue Karrieremodell nochmals kurz erläutern und der jeweiligen Person mitteilen, welchen Jobtitel diese nun hat und wo sie sich im Karrieremodell befindet.
- *Microsoft Visio*: Dies ist ein großartiges Tool, um Prozesse abzubilden. Hier habe ich unter anderem den gesamten Karrieremodellprozess abgebildet und auch den Ablaufprozess von der Entstehung bis zur Einbettung.
- *Personalmanagementsystem rexx*: Dieses System war bereits vorhanden und man konnte Erweiterungspakete dazukaufen. In einem dieser Erweiterungspakete kann man die Rollenbeschreibungen hinterlegen und auch das Kompetenzmodell dazu abbilden. Außerdem habe ich das gesamte Karrieremodell hier hinterlegt und dafür gesorgt, dass die gesamte Personalabteilung problemlos mit den neuen Jobtiteln und Pfaden arbeiten konnte. Die Mitarbeiter werden hier auf die passende Stelle gesetzt, welche mit dem passenden Jobtitel und Pfad bereits ausgestattet sind.
- *Microsoft Forms*: Dieses Tool bietet eine gute Lösung, um digitale Befragungen durchzuführen. Die Gestaltung der Fragebögen ist hierbei sehr frei und einfach. Insbesondere habe ich Microsoft Forms bei der Befragung zur Rollenbeschreibung und dem Kompetenzmodell verwendet.
- *Menti.com*: Für anonyme Befragungen ist dieses Tool sehr geeignet. Insbesondere zu Beginn macht es sicherlich Sinn (wie in Kapitel 3 beschrieben), eine kurze Befragung mit einigen Mitarbeitern und Führungskräften durchzuführen.

- *Intranet*: Hier gab es immer wieder Neuigkeiten für alle Stakeholder zum Karrieremodell wie z. B. den aktuellen Stand und die nächsten Schritte. Teilweise wurden hier auch nochmals Begrifflichkeiten erklärt und kleine Schulungsvideos eingestellt.

Der Entwurf sowie die Einführung eines Karrieremodells in dieser Dimension dürfen nicht unterschätzt werden. Es ist ein sehr zeitintensives Projekt, welches nicht einfach neben der eigentlichen Tätigkeit durchgeführt werden kann. Ich empfehle Ihnen hier dringend, sich Unterstützung zu holen. Es macht sicherlich Sinn, dieses Projekt in einem Team zu bearbeiten, in dem die Aufgabenverteilung durch den Projektleiter klar und deutlich definiert ist. Stehen Ihnen diese Ressourcen nicht zur Verfügung, greifen Sie gerne auf Studenten zurück. Empfehlenswert sind Praktikanten, die in Vollzeit für sechs Monate unterstützen können. Werkstudenten mit mindestens 20 Stunden Arbeitszeit in der Woche sind sicherlich auch eine Entlastung.

Mein Karrieremodell habe ich nahezu im Alleingang entworfen und eingeführt. Da meine Haupttätigkeit (Recruiting) auch weiterhin Bestand hatte, hat mich dieses Projekt über 18 Monate an Zeit gekostet. Diese Zeit beinhaltete auch sehr viel Recherche und die eigentliche Entwicklung des Modells, die ich Ihnen mit diesem Buch ersparen möchte.

4.1.1 Kommunikation ist das A und O

Merke

Sie werden mit keinem Projekt große Erfolge feiern, wenn Sie sich davor keine Gedanken über die richtige Kommunikation gemacht haben.

Kommunikation bedeutet in diesem Fall nicht, dass Sie sich auf den verbalen Austausch fokussieren. In einem Projekt wie dem Karrieremodell gibt es viel mehr Kommunikationskanäle, die durchdacht werden sollten. Auch hier kann es von Vorteil für Sie sein, wenn Sie sich einen Kommunikationsplan überlegen und dem Projekt anpassen. Stellen Sie sich dabei stets diese Fragen:

- Wann muss ich etwas kommunizieren und warum?
- An wen ist die Kommunikation gerichtet (Mitarbeiter, Stakeholder, Management etc.)?
- Welche Medien kommen für die Art der Kommunikation in Frage und ergeben Sinn (Microsoft Teams, Intranet, Newsletter, Meetings, Schulungen etc.)?

Wenn der Entschluss gefallen ist, ein neues Karrieremodell in Ihrem Unternehmen zu entwerfen und zu implementieren, erfolgt die Beauftragung in der Regel durch das Management an die Personalabteilung. In der ersten Phase des Projekts liegt sicherlich die Ausarbeitung im Fokus und es bedarf lediglich des Austauschs zwischen dem Auftraggeber und der Personalabteilung bzw. dem Projektinhaber.

Bekanntlich ist der berühmte ›Flurfunk‹ immer schneller als das Projekt. So können schnell Gerüchte entstehen, die sich teilweise wie ein Lauffeuer verbreiten. Für viele Mitarbeiter und

Führungskräfte kann die Einführung eines neuen Karrieremodells und damit eine anstehende Veränderung auch beängstigend sein – insbesondere wenn der Betriebsrat dem Vorgehen nicht gleich zustimmt bzw. diesem sogar kritisch gegenübersteht. Dies liegt sicherlich auch an der Assoziation, die jeder Mitarbeiter hat, wenn er das Wort »Karrieremodell« hört. Diese Assoziation kann zwar positiv und neutral ausfallen, leider aber auch negativ.

Um vor den oben erwähnten Punkten gewappnet zu sein, empfehle ich Ihnen die Ausarbeitung eines Kommunikationsleitfadens. Diesen sollten Sie erstellt haben, bevor Sie mit der Umsetzung und Implementierung des Karrieremodells starten. Der Kommunikationsleitfaden ist eine Art reduzierter FAQs und dient dazu, die ersten ›Fragezeichen‹ in den Köpfen zu bereinigen. Sicherlich macht es Sinn, richtige FAQs beispielsweise im Intranet zu erstellen und immer wieder auch darauf hinzuweisen.

Der Kommunikationsleitfaden kann folgende Punkte enthalten:

- Das alte Karrieremodell wird aktuell überarbeitet und den Mitarbeitern, Führungskräften sowie dem Unternehmen besser angepasst. Der Fokus liegt hier vor allem auf den Weiterentwicklungsmöglichkeiten der Mitarbeiter und Führungskräfte und dies soll für mehr Transparenz sorgen.
- Die Mitarbeiter werden entsprechend ihrer aktuellen Tätigkeit, Fachlichkeit sowie Verantwortung neu in das Karrieremodell eingruppiert. Ändern können sich hier der Jobtitel, der Pfad sowie das Karrierelevel. Es kann vorkommen, dass sich bei einigen Mitarbeitern nichts verändert.
- Die Einordnung der Mitarbeiter und Führungskräfte in ein anderes (höheres) Level bedeutet nicht zwangsläufig, dass der Mitarbeiter oder die Führungskraft befördert wird und somit mehr Gehalt etc. erhält.
- Es werden keine Kürzungen im Gehalt der Mitarbeiter und Führungskräfte vorgenommen!
- Die neuen Jobtitel sind alle auf Englisch, um hier international aufgestellt zu sein.
- Jeder Jobtitel wird eine Rollenbeschreibung erhalten. Für die Erstellung der Rollenbeschreibungen werden auch entsprechende Führungskräfte sowie Inhaber der jeweiligen Position miteinbezogen.
- Neben dem Karrieremodell wird ein Kompetenzmodell ausgearbeitet, welches eine Selbsteinschätzung für den Mitarbeiter und die Führungskraft beinhaltet. Das Kompetenzmodell dient dazu, die einzelnen Kompetenzen der Mitarbeiter und Führungskräfte transparent darzustellen, und hilft bei der Weiterentwicklung der Mitarbeiter und Führungskräfte.
- Der Trainingskatalog wird in das neue Karrieremodell eingebettet und wird für jede Position entsprechend ausgearbeitet bzw. angepasst.
- Für die Mitarbeitergespräche wird es neu ausgearbeitete Mitarbeitergesprächsbögen geben, die passender für den Mitarbeiter und die Führungskraft gestaltet sind.

Dies sind einige Punkte, die ich für meinen Kommunikationsleitfaden verwendet habe. Sobald das Projekt Karrieremodell im Unternehmen bekannt wurde, habe ich den Kommunikationsleitfaden zunächst mit allen Führungskräften besprochen und ihnen diesen zur Verfügung gestellt. Die meisten Fragen der Mitarbeiter landen direkt bei den Führungskräften. Mit den

Hilfestellungen können die Führungskräfte zumindest einige Aussagen ggü. den Mitarbeitern treffen. Verhindern wollte ich damit auch, dass Gerüchte entstehen oder eine negative Stimmung im Unternehmen aufkommt.

Den Kommunikationsleitfaden habe ich auch im Intranet veröffentlicht und Mitarbeiter immer wieder darauf verwiesen. Vielleicht haben Sie auch ein Intranet, das eine Startseite beinhaltet, auf der man solche News für das gesamte Unternehmen übersichtlich posten kann.

Darüber hinaus sollten Sie sich auch Gedanken darüber machen, welche Vorteile ein neues Karrieremodell vor allem den Mitarbeitern bringt. Diese Ausarbeitung kann Ihnen auch einige kritische Rückfragen ersparen.

Orientieren Sie sich gerne an diesen Punkten:

- Das neu angepasste Karrieremodell fokussiert sich neben der »Managementkarriere«, »Projektkarriere« und »Vertriebskarriere« hauptsächlich auf die »Fachkarriere« und gibt so jedem Mitarbeiter die Chance, seine Karriere zu gestalten.
- Jede vorhandene Position im Unternehmen ist im Karrieremodell abgebildet und kann stetig weiterentwickelt werden.
- Die Jobtitel sind sorgfältig und mit viel Rechercheaufwand ausgewählt worden und sind so auch auf dem Berufsmarkt gängig. Außerdem werden diese nur noch in Englisch genutzt, um auf den internationalen Kundenmarkt besser zu reagieren.
- Neben den neuen Jobtiteln gibt es für jeden Pfad und jedes Level in Zukunft auch die passende Rollenbeschreibung. Damit ist für Transparenz innerhalb der Rollenverteilung gesorgt.
- Das Karrieremodell ist jederzeit erweiterbar und ausbaufähig und somit für die Zukunft bestens gewappnet.
- Ab sofort ist die Karriereplanung mit der direkten Führungskraft innovativer. Der Wechsel zwischen den Pfaden ist möglich, sofern ein geeignetes Projekt vorliegt bzw. der Bedarf im Unternehmen besteht.
- Untermauert wird das neue Karrieremodell mit Rollenbeschreibungen, einem Kompetenzmodell, einem Trainingskatalog und Mitarbeitergesprächsbögen.

4.1.2 Das richtige Zeitmanagement

In einem guten Projekt sollte das Zeitmanagement eine wichtige Rolle spielen. Es ist selbstverständlich, dass immer wieder etwas dazwischenkommen kann und das Projekt dadurch nach hinten geschoben wird. Wir alle haben in letzter Zeit erlebt, was beispielsweise eine Pandemie anrichten kann. Da ist es verständlich, wenn solche internen Projekte angehalten oder zeitlich verschoben werden, wenn die wirtschaftliche Existenz des Unternehmens auf dem Spiel steht.

Nicht jeder Ihrer Stakeholder oder Projektmitarbeiter ist sich vielleicht über das Ausmaß und die vielen Aufgaben hinter der Erstellung eines Karrieremodells im Klaren. Umso wichtiger ist es daher, dass Sie immer wieder den aktuellen Stand mitteilen und auch hier den Zeitplan besprechen. Stellen Sie auch Deadlines ein, um ggf. an nötige Informationen zu gelangen.

Erstellen Sie einen Zeitplan und listen hier alle möglichen Schritte auf. Sie müssen hier nicht die kleinsten Details darstellen. Wichtige Zeitpunkte im Projekt sind beispielsweise folgende:

- Befragung einiger Mitarbeiter und Führungskräfte zu Karrieremodell und deren Gedanken dazu sowie die Auswertung,
- Sammlung der Jobtitel und Recherche neuer Jobtitel inkl. der Abstimmung mit der Abteilung Unternehmenskommunikation/Marketing sowie Stakeholdern und ggf. Mitarbeitern etc.,
- Ableitung der Jobtitel in Pfade und Unterpfade,
- erste Schulung der Mitarbeiter und Führungskräfte zum neuen Karrieremodell,
- Zuordnung der Mitarbeiter und Führungskräfte zu den neuen Jobtiteln, Karriereleveln und Pfaden sowie entsprechende Kommunikation,
- Gestaltung der Rollenbeschreibungen,
- Befragung der Mitarbeiter- und Führungskräfte zu den einzelnen Rollen,
- ...

Sie können diesen Zeitplan gerne in Excel erstellen, wenn Sie kein anderes geeignetes Tool dafür haben. Der visualisierte Zeitplan könnte dann beispielsweise so wie in Abbildung 19 aussehen.

Task	Kalenderwoche												
	10	11	12	13	14	15	16	17	18	19	20	21	22
Befragung eigener Mitarbeiter und Führungskräfte zu Karrieremodell...	■	■	■										
Sammlung der Jobtitel und Recherche der neuen Jobtitel...				■	■	■							
Ableitung der Jobtitel in Pfade und Unterpfade...							■	■					
Zuordnung der Mitarbeiter und Führungskräfte zu den neuen Jobtiteln...									■				
Gestaltung der Rollenbeschreibung...										■	■	■	■
Befragung der Mitarbeiter und Führungskräfte zu den einzelnen Rollen...										■	■	■	■

Abb. 19: Beispiel für die Gestaltung des Zeitplans

Gehen Sie am besten in Kalenderwochen vor und nutzen diesen Zeitplan immer wieder für Ihre Kommunikation an Ihre Stakeholder, aber auch die Mitarbeiter und Führungskräfte.

4.1.3 Risikomanagement nicht vergessen!

Mein Fokus für dieses Buch liegt klar auf der Thematik Karrieremodell und dessen Entwicklung. Ich möchte Ihnen eine optimale Anleitung an die Hand geben und Sie dazu ermutigen mit meiner Hilfe ein tolles Karrieremodell zu erstellen. Außerdem liegt ein Teil meines Strebens darin, neue Denkweisen anzustoßen und Blockaden zu lösen. Da es sich hier um ein sehr großes Projekt handelt, ist ein gutes Projektmanagement essenziell. Immer wieder erhalten Sie daher Tipps und Hinweise für Ihr Projektmanagement.

Ein Teil des Projektmanagements ist das Risikomanagement. Für das Projekt Karrieremodell halte ich es für sehr wichtig, dass Sie sich darüber im Klaren sind, welche Risiken auch mit diesem Projekt verbunden sind und wie Sie damit umgehen können. Die Entwicklung des Karrieremodells betrifft nämlich das gesamte Unternehmen mit allen Mitarbeitern und Führungskräften. Wir reden hier nicht von der Einführung einer neuen Software oder dergleichen. Daher sollten Sie sich gründlich Gedanken über mögliche Risiken machen und diese am besten auflisten.

Welche Risiken könnten auftreten und wie können Sie darauf reagieren? Hierzu möchte ich Ihnen einige Beispiele liefern. Bitte ergänzen Sie Tabelle 27 entsprechend den Anforderungen Ihres Unternehmens weiter oder streichen Punkte raus, die für Sie nicht relevant sind.

Risiko in Stichworten	**Maßnahme**	**Eintrittswahrscheinlichkeit (1-3)**
Falsche Auswahl der Tools für die Abbildung der einzelnen Elemente im Karrieremodell	Evaluierung der Tools und ggf. deren Austausch Abwägung des dadurch entstehenden Aufwands	2
Ausfall des Projektleiters (z. B. durch Krankheit)	Ein Vertreter für den Projektleiter sollte vor Projektbeginn definiert werden.	2
Ausfall von Stakeholdern	Eine Vertreterregelung für die Stakeholder und entscheidenden Instanzen sollte vor Projektbeginn definiert werden.	2
Der Zeitplan kann nicht eingehalten werden.	Kommunikation an entsprechende Bereiche und setzen von neuen Deadlines	1
Mehrheit der Mitarbeiter möchte das Karrieremodell nicht annehmen	Wurde richtig kommuniziert oder sollte die Kommunikation nochmals ausgearbeitet werden? Ausreichende Schulung der Mitarbeiter und Plattform für die Fragen der Mitarbeiter einräumen.	3
Betriebsrat stimmt dem Karrieremodell oder Teilen daraus nicht zu (falls Betriebsrat vorhanden)	Einbeziehung des Betriebsrates bei allen Punkten und nochmals detaillierte (schriftliche) Erklärung abgeben.	1

Tab. 27: Vereinfachte Darstellung des Risikomanagements
(1 = hohes Risiko, 2 = mittleres Risiko, 3 = geringes Risiko)

Dieses Beispiel zeigt ein vereinfachtes Beispiel für ein Risikomanagement und umfasst gewiss nicht alle notwendigen Punkte. Die Tabelle soll Ihnen aber Anhaltspunkte und Ideen liefern und Sie für dieses Thema sensibilisieren. Betrachtet wird hier die Gefährdung des Projekts.

Ein professionelles Risikomanagement ist gegliedert in Kategorien, der Übersichtlichkeit zuliebe habe ich diese hier nicht abgebildet. Die Eintrittswahrscheinlichkeit (1-3) soll Ihnen auf einen Blick zeigen, wie hoch das Risiko ist. Die 1 steht hier für »hohes Risiko«, die 2 für »mittleres Risiko« und die 3 für »geringes Risiko«. Die Einschätzung für die Eintrittswahrscheinlichkeit erfolgt auf Basis Ihrer Erfahrung im Unternehmen und sicherlich auch etwas durch Ihr ›Bauchgefühl‹.

Darüber hinaus können Sie das Vorhaben auch in die Balanced Scorecard eintragen und hierüber tracken. Voraussetzung hierfür ist, dass das Unternehmen mit der Balanced Scorecard arbeitet und dieses auch aktiv nutzt.

Merke

Die *Balanced Scorecard* wird in vielen Unternehmen verwendet, um die strategischen Ziele eines Unternehmens zu messen und visuell darzustellen. Mit ihr kann man auch die Unternehmensaktivitäten und deren Zusammenhänge analysieren.

Sollten Sie diese Methode im Unternehmen nutzen, empfehle ich Ihnen, hier das Projekt Karrieremodell zu hinterlegen. Letztendlich handelt es sich hier um ein Projekt, das Ihr gesamtes Unternehmen betrifft.

Bitte besprechen Sie mit Ihren Stakeholdern auch das Risikomanagement und holen deren Sichtweisen dazu ein. Vergessen Sie nicht im Laufe des Projekts und der Zeit, immer wieder einen Blick darauf zu werfen und ggf. auch weitere Risiken zu erfassen oder auch das Ranking der einzelnen Risikofaktoren anzupassen.

4.2 Überblick verschaffen

Wissen Sie auf Anhieb, welche Positionen und Jobtitel sich in Ihrem Unternehmen tummeln? Und wären Sie in der Lage, mit nur wenigen Klicks eine Auflistung zu generieren? Wenn nein, sollten Sie sich, um erfolgreich zu starten, zunächst einen Überblick über die einzelnen Positionen in Ihrem Unternehmen verschaffen – also Positionen, die Mitarbeiter bereits jetzt in den verschiedensten Bereichen bzw. Abteilungen besetzen. Unter dem Begriff Positionen fasse ich aber auch jene, die noch besetzt werden müssen. Diese Positionen haben sicherlich einen Namen, der in der Regel der jeweilige Jobtitel sein dürfte.

Legen Sie sich also im ersten Schritt eine Liste (gerne in Microsoft Excel) an. Hier schreiben Sie alle Jobtitel untereinander. Welche Jobtitel haben bereits bestehende Mitarbeiter? Welche Positionen und damit welche Jobtitel sind in Stellenausschreibungen ausgeschrieben? Wichtig ist hierbei, dass Sie die Jobtitel exakt so schreiben, wie sie aktuell intern bzw. extern geschrieben werden. Sammeln Sie diese Informationen möglichst sorgfältig. Jobtitel können nicht nur aus einem Haupttitel bestehen. Die meisten Jobtitel haben auch Angaben zu einer Spezialisierung. Dies möchte ich in einem Beispiel verdeutlichen: »Softwareentwickler Java«. Der »Softwareentwickler« ist hier der Haupttitel bzw. Kerntitel, dieser drückt aus, was die Stelle beinhaltet. Die Spezialisierung »Java« wurde hier gewählt, da man etwas spezifiziert ausdrücken möchte, um welche Art der Software bzw. Technologie es sich hier handelt. Ein weiteres Beispiel: »Elektroniker für Geräte- und Systembau«. Der Haupttitel bzw. Kerntitel ist bei diesem Beispiel der »Elektriker«, die Spezialisierung bei diesem Beispiel lautet »Geräte- und Systembau«.

Überlegen Sie genau, wie Sie an diese Informationen in Ihrem Unternehmen kommen, wo also Ihre Quellen sind. Das Bewerbermanagementsystem bzw. die Karriereseiten sind sicherlich eine gute Quelle. Das Personalmanagementsystem bzw. eine Mitarbeiterliste könnten als zusätzliche Quellen dienen. Diese Liste wird Ihnen einen Überblick über all die Jobtitel verschaffen, die Sie in Ihrem Unternehmen haben. Bitte seien Sie nicht verunsichert, wenn Sie hier sehr viele Jobtitel haben. Bei einer Unternehmensgröße von z. B. 300 Mitarbeitern können es je nach Branche auch über 100 Jobtitel sein.

Im nächsten Schritt sortieren Sie diese Liste bitte alphabetisch und schauen sich die einzelnen Jobtitel genauer an. Identifizieren Sie Jobtitel, die das Gleiche meinen, jedoch anders geschrieben sind bzw. andere Zusätze haben. Markieren Sie solche Jobtitel gerne farblich und fügen Sie bei Bedarf eine weitere Spalte hinzu, in der Sie Kommentare für sich sammeln.

Während dieses Schritts wurde mir bei meinem Arbeitgeber klar, dass wir die Jobtitel intern und extern anders schreiben. Die Zusammenarbeit mit der Abteilung Unternehmenskommunikation oder Marketing ist hier dann sehr essenziell. Schreiben Sie sich diesen Punkt unbedingt noch auf Ihre To-Do-Liste, falls bei Ihnen die Jobtitel auch unterschiedlich geschrieben sein sollten. Sie sollten als Unternehmen gemeinsam einen Weg für die Ausschreibung der Jobtitel finden. Zum Beispiel gibt es für den Softwareentwickler unterschiedliche Varianten: »Softwareentwickler«, »Software-Entwickler« oder »Software Ingenieur«. Alle Titel meinen dasselbe. Es bringt jedoch eine Unruhe mit sich, wenn diese Schreibweise nicht eindeutig geklärt ist. Als Entscheidungsgrundlage, welchen Titel Sie künftig einsetzen, hilft Ihnen sicherlich eine Web-Recherche oder auch Google Analytics. Sie sollten recherchieren, welcher Titel wie oft gefunden wird bzw. wie die Schreibweise eines Titels lauten sollte, um mit der entsprechenden Stellenanzeige gefunden zu werden. Gehen Sie bei Ihrer Recherche auch gerne auf die entsprechenden Mitarbeiter zu und fragen diese nach Ihrer Meinung. Letztendlich sind diese Mitarbeiter die Inhaber der fraglichen Positionen und können Ihnen ein Gefühl dafür geben, wie zufrieden Sie mit der Aussagefähigkeit Ihrer Titel sind. Bedenken Sie hierbei immer wieder, dass man es niemals schaffen wird, alle Mitarbeiter zufriedenzustellen. Es wird dazu immer Meinungsverschiedenheiten geben. Ein Großteil der Mitarbeiter und Führungskräfte sollte jedoch zufrieden mit den neuen Jobtiteln sein.

In erster Linie geht es um die Definition der Jobtitel für das Karrieremodell, was hauptsächlich intern genutzt wird. Es kann in der Personalbeschaffung bzw. im HR-Marketing vorkommen, dass man einen Titel auf einer Stellenanzeige extern anders ausschreiben muss. Hier ist nicht die Rede von der Schreibweise des gleichen Titels, sondern vielmehr von Stellen, die zwar intern einen Jobtitel haben, jedoch extern nicht die Zugkraft haben, um Bewerber anzulocken. Beispielsweise kann dies bei Führungspositionen der Fall sein. Vielleicht kommt der »Abteilungsleiter« extern nicht so gut an wie z. B. ein »Manager« oder dergleichen. Wichtig ist, dass Sie jederzeit den Überblick haben und immer wissen, welcher Jobtitel aus dem Karrieremodell in den externen Ausschreibungen eigentlich steckt.

Sammeln Sie alle nötigen Informationen in dieser Tabelle, auch die möglichen Schreibformen bzw. die Wünsche der jeweiligen Stelleninhaber. Diese Informationen können Sie in Ihrem Kommentarfeld erfassen.

Beschränken Sie sich nicht nur auf die festangestellten Mitarbeiter. Studentische Mitarbeiter haben sicherlich auch Jobtitel, die Sie bereits verwenden. Dies sind z. B. Werkstudenten, Praktikanten oder Studenten, die ihre Abschlussarbeit schreiben. Außerdem denken Sie an Aushilfen oder Minijobber, die Sie womöglich beschäftigen. Ihre Tabelle könnte dann so wie Tabelle 28 aussehen.

Kerntitel	**Spezialisierung**	**Art der Anstellung**
Softwareentwickler	Java	Festanstellung
Software Ingenieur	Python	Festanstellung
Testingenieur	für HiL-Systeme	Festanstellung
Elektroniker	für Geräte- und Systembau	Festanstellung
Werkstudent	Software Entwicklung	Student

Tab. 28: Sammlung der Jobtitel

Gerne können Sie diese Tabelle auch um Informationen wie z. B. Abteilungsbezeichnung, Standort etc. erweitern. Stellen Sie sicher, dass Sie im Anschluss gute Filtermöglichkeiten haben und die Tabelle nicht zu unübersichtlich wird.

Investieren Sie ausreichend Zeit in diese Aufgabe und versuchen Sie, diese konzentriert und sorgfältig durchzuführen. Es ist kein Beinbruch, wenn Ihnen zu einem späteren Zeitpunkt weitere Titel einfallen. Diese können Sie dann entsprechend aufnehmen und mit der Entwicklung des Karrieremodells fortfahren.

4.2.1 Jobtitel ordnen und erweitern

Wir beginnen nun, alle Elemente so zu ordnen, dass sie gemeinsam einen Sinn ergeben. Das Thema Jobtitel erfüllt also ab sofort nicht nur den Zweck, dass der Mitarbeiter etwas in seiner Signatur stehen hat. Das oberste Ziel ist nun, dass anhand des Titels sowohl das Karrierelevel als auch der Karrierepfad erkennbar ist: völlige Transparenz, ohne lange zu überlegen, welchen Karrierelevel der Mitarbeiter hat oder in welchem Karrierepfad sich dieser befindet. Psychologisch wirkt dies auch sehr positiv auf die interne Stimmung. Die Mitarbeiter fühlen sich durch die richtige Zuordnung der Jobtitel aufgehoben und dieses häufig vorhandene Gefühl von »in der Luft hängen« kann dadurch ggf. sogar abgeschafft werden.

Nachdem Sie alle internen sowie externen Jobtitel tabellarisch aufgelistet haben und die Abstimmung mit der Abteilung Unternehmenskommunikation bzw. Marketing erfolgt ist, folgt nun der etwas schwierigere Teil: die Entscheidung für die jeweiligen Jobtitel.

Vorab sollten Sie jedoch intern auch klären, ob die Jobtitel ab sofort in Englisch oder Deutsch verwendet werden. Je nach Branche kann es Sinn machen, die Titel auf Englisch zu verwenden. Für mein Karrieremodell in der IT-Branche habe ich mich entschieden, die Titel in Englisch zu verwenden, um für den internationalen Markt immer gewappnet zu sein. Dadurch kann gewährleistet werden, dass bei Unternehmensstandorten im Ausland für alle Mitarbeiter weltweit einheitliche Karrierebedingungen gelten. Sollten Sie sich ebenfalls für englische Titel entscheiden, kalkulieren Sie bitte einen höheren Rechercheaufwand mit ein. Bitte übersetzen Sie die deutschen Titel niemals eins zu eins ins Englische, das kann schnell »nach hinten losgehen«.

Wenn Sie mit Ihrer Recherche fertig sind, treffen Sie gemeinsam mit Ihrem Auftraggeber bzw. mit allen nötigen Stakeholdern die Entscheidung über die Festlegung der Jobtitel, bevor Sie mit den nächsten Schritten weitermachen.

Die Dokumentation und Darstellung der alten und neuen Jobtitel könnte dann in Ihrer eigenen Tabelle so aussehen, wie in Tabelle 29 gezeigt.

Kerntitel alt	**Kerntitel neu (Englisch)**	**Spezialisierung**	**Art der Anstellung**
Softwareentwickler	Software Developer	Java	Festanstellung
Software Ingenieur	Software Developer	Python	Festanstellung
Testingenieur	Test Engineer	für HiL-Systeme	Festanstellung
Elektroniker	Production Employee	für Geräte- und Systembau	Festanstellung
Werkstudent	Working Student	Software-Entwicklung	Student

Tab. 29: Ableitung der neuen Jobtitel aus den alten Jobtiteln

4.2.2 Ableitung der Pfade

Ist Ihre Liste der Jobtitel komplett und die Entscheidung über die verwendete Sprache (Deutsch oder Englisch) wurde gefällt, fangen wir zunächst mit der Ableitung der entsprechenden Pfade an. Anschließend folgt daraus die Ableitung der Unterpfade. Denken Sie hierbei nochmals zurück an Kapitel 3 und die detaillierte Beschreibung des Modells (Abschnitt 3.4). In Abschnitt 2.1.2 hatte ich Ihnen auch genau erklärt, was unter Pfaden zu verstehen ist.

Unter »Ableitung in Pfade« ist konkret gemeint, dass Sie Ihre Jobtitel nun eingruppieren und damit auch sortieren. Die Pfade symbolisieren hier die Kategorie der auszuführenden Tätigkeit. In meinem Modell gibt es insgesamt vier Pfade. Diese bestehen aus den Pfaden »Fachkarriere«, »Projektkarriere«, »Managementkarriere« und »Vertriebskarriere«.

Entscheidend für die richtige Eingruppierung in die Pfade ist, dass Sie in etwa wissen, was hinter dem Jobtitel steckt. Die Fachkarriere wird vermutlich die meisten der Jobtitel aufnehmen. Sie müssen also hier entscheiden, ob ein Jobtitel von der ausführenden Tätigkeit eher fachbezogen, projektbezogen, führungsbezogen oder vertriebsbezogen ist. In Abbildung 20 möchte ich Ihnen dies gerne noch etwas näher verdeutlichen.

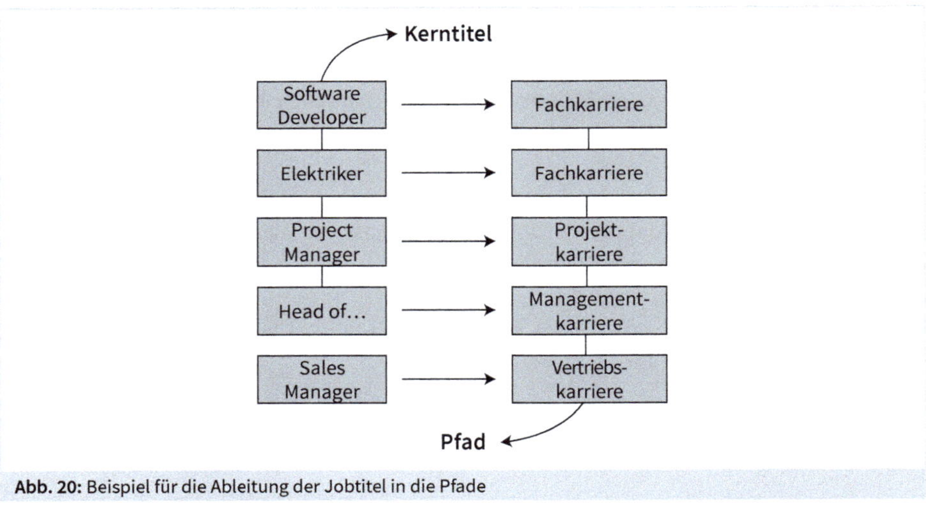

Abb. 20: Beispiel für die Ableitung der Jobtitel in die Pfade

Für die Eingruppierung fügen Sie in Ihre Tabelle bitte eine weitere Spalte ein und benennen diese gerne mit »Pfade«. Anschließend arbeiten Sie sich von Jobtitel zu Jobtitel vor und fügen in die neue Spalte »Pfade« den passenden Pfad für den Jobtitel ein.

In der Regel sind die Pfade »Fachkarriere«, »Projektkarriere«, »Managementkarriere« und »Vertriebskarriere« durch die dahinterstehenden Tätigkeiten eindeutig. Die Zuordnung der Jobtitel zu diesen vier Pfaden erfolgt meistens problemlos. Sollten Sie jedoch bemerken, dass Sie einen Jobtitel nicht wirklich zuordnen können, gibt es zwei Möglichkeiten:

1. Der Jobtitel ist nicht eindeutig gewählt worden und erschwert daher die Eingruppierung in den passenden Pfad. In diesem Fall überdenken Sie bitte den Jobtitel erneut.
2. Der Jobtitel ist eindeutig gewählt worden, die Eingruppierung ist dennoch schwierig. Bitte markieren Sie sich diesen Jobtitel und besprechen dies in Ihrer Abstimmungsrunde mit Ihren Stakeholdern.

Ihr Ziel ist es, für jeden Jobtitel den Pfad in der Tabelle zu erfassen bzw. sich auf einen Pfad festzulegen. Ist dies erledigt, geht es im nächsten Abschnitt mit der Ableitung in die Unterpfade weiter.

4.2.3 Ableitung der Unterpfade

Die Ableitung der Pfade und Unterpfade erfolgt immer aufgrund des Kerntitels und ggf. auch des Bereichs. Die Bereichsbezeichnungen in Ihrem Unternehmen spielen hier kaum eine Rolle. Manchmal muss man jedoch abwägen, wie man den Unterpfad bezeichnet, um Verwirrungen zu vermeiden.

Nehmen wir den Elektriker als Beispiel. Wenn Sie einen Bereich haben, der viel mit Elektrik und auch Elektrikern zu tun hat, können Sie diesen Unterpfad gerne »Elektrik« nennen. Wenn Sie jedoch einen Bereich haben, indem es zwar Elektriker gibt, diese jedoch neben Ihrer Tätigkeit noch weitere Tätigkeiten ausführen, dann wird es schon schwieriger mit der Namensgebung. Hier fokussieren Sie sich dann darauf, was dieses Profil macht. In meinem Beispiel habe ich die Elektriker in den Unterpfad »Production« gesteckt, da wie bereits erwähnt, die Elektriker nicht ausschließlich für die Elektrik zuständig sind, sondern an der Produktion mitwirken. Dabei spielt es keine Rolle, wie viele Produktionsstätten oder Abteilungen Sie hier haben, es zählt nur die Tätigkeit, die dort anfällt.

In meinem Modell existieren Unterpfade nur in den Pfaden »Fachkarriere« und »Vertriebskarriere«. Sollten Sie unter den restlichen Pfaden auch Unterpfade entwickeln, weil diese für Ihr Unternehmen Sinn machen, ist das selbstverständlich möglich. Um es etwas bildlicher darzustellen, habe ich Ihnen die mögliche Benennung der Unterpfade in Abbildung 21 dargestellt.

Die Ableitung der Pfade und Unterpfade könnte demnach in Ihrer tabellarischen Auflistung so wie in Abbildung 22 aussehen.

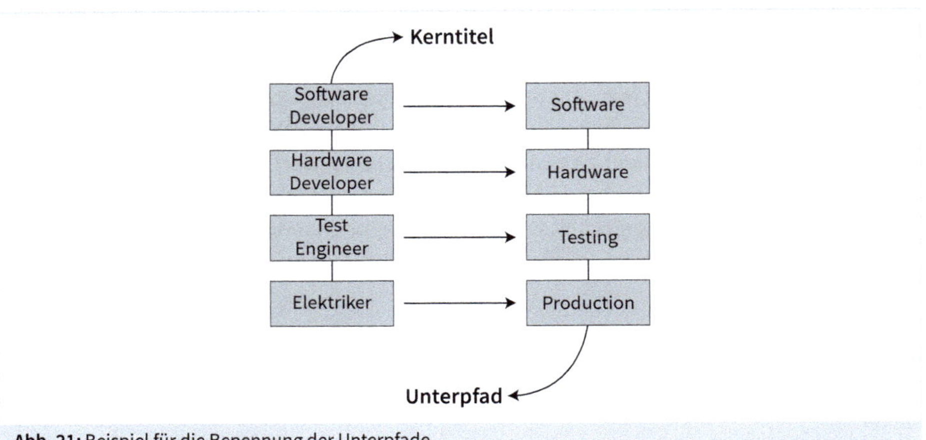

Abb. 21: Beispiel für die Benennung der Unterpfade

Kerntitel alt	Kerntitel neu (Englisch)	Karriere-pfad	Unter-pfad	Zugabe	Art der Anstel-lung
Software-entwickler	Software Developer	Fachkarriere	Software	Java	Fest-anstellung
Software-Ingenieur	Software Developer	Fachkarriere	Software	Python	Fest-anstellung
Test-ingenieur	Test Engineer	Fachkarriere	Testing	für HiL-Systeme	Fest-anstellung
Elektroniker	Production Employee	Fachkarriere	Production	für Geräte- und System-bau	Fest-anstellung
Werk-student	Working Student	-	-	Software Entwicklung	Student

Abb. 22: Ableitung der Pfade und Unterpfade durch die neuen Jobtitel

Nehmen Sie sich für die Ableitung der Unterpfade ausreichend Zeit und gehen Sie hier Schritt für Schritt jeden Jobtitel und den bereits ausgewählten Pfad durch.

Ich empfehle Ihnen hier neben der tabellarischen auch die grafische Darstellung beispielsweise in Excel. Mir hat die grafische Darstellung sehr geholfen, da dieser einen sehr guten Überblick bietet. Gerne möchte ich Ihnen hier einen Einblick in meine grafische Darstellung mit Excel geben (s. Abb. 23). Der Platz reicht nicht, um das ganze Karrieremodell hier abzubilden. Sie können sich jedoch das Modell als Excel-Vorlage von der mybook-Seite des Verlages (Mustervorlage-Karrieremodell) herunterladen.

Build & Config.	Senior Expert Build & Config. Management	Expert Build & Config. Management	Specialist Build & Config. Management	
Architecture	Senior Expert IT Architecture	Expert IT Architecture		
Systems Engineering	Senior Exper Systems Engineering	Expert Systems Engineering	Specialist Systems Engineering	Systems Engineer
System-integration		Expert System-integration	Specialist Systemintegratio n	Systemintegrato r
Consulting	Senior Consulting Expert	Consulting Expert	Consulting Specialist	Consultant
Testing		Testing Expert	Testing Specialist	Testing Engineer
Software		Expert Software Development	Specialist Software Development	Software Developer
Hardware		Expert Hardware Development	Specialist Hardware Development	Hardware Developer
Production			Production Specialist	Production Employee

Abb. 23: Grafische Darstellung des Karrieremodells in Excel (Ausschnitt)

Versuchen Sie Jobtitel, die aus einer ähnlichen Fachlichkeit bestehen hintereinander darzustellen, um kein Durcheinander im Modell zu verursachen.

Vergessen Sie nicht die Abbildung der Zusätze »Technical Coordinator, Funktional Coordinator« und »Technical Lead, Functional Lead« mit abzubilden. Diese habe ich in der Grafik (Abb. 23) am Ende der Fachkarriere bei Level 2 und 3 eingezeichnet.

Im Anschluss haben Sie bereits den ersten Meilenstein in Ihrem Karrieremodell erreicht: Sie haben nun die Jobtitel überarbeitet, diese in Pfade geordnet und daraus sogar die Unterpfade abgeleitet.

4.3 Rollen verstehen und abbilden

Nachdem Sie Ihre Jobtitel überarbeitet haben und diese sich nun unter den richtigen Pfaden und Unterpfaden befinden, setzen wir uns intensiv mit den Rollen und deren Beschreibung auseinander.

Die Einordnung aller Mitarbeiter und Führungskräfte in das Karrieremodell kann nur erfolgen, wenn die Rollenbeschreibungen entsprechend ausgearbeitet sind. Es gibt unterschiedlichste Art und Weisen, Rollenbeschreibungen darzustellen. Im Internet findet Sie dazu auch einige Vorlagen. Bitte orientieren Sie sich jedoch an den Bedürfnissen des Unternehmens und nehmen nur die Punkte auf, die Sie wirklich in der Rollenbeschreibung benötigen. Vielleicht haben Sie auch während Ihrer Ausbildung oder Ihres Studiums in einem Lehrbuch oder Skript etwas über die Rollenbeschreibungen gelesen und diese Information so abgespeichert. Sie können getrost diese Informationen zur Seite schieben. Bitte machen Sie Ihren Kopf frei und halten sich nicht an Vorgaben, die Sie irgendwann gelesen oder gehört haben. Im Fokus stehen das Unternehmen und die Bedürfnisse der Mitarbeiter. Darauf aufbauend sollten die Rollenbeschreibungen entwickelt und gelebt werden.

Im ersten Schritt möchte ich Ihnen mehr Inhalt zu den Rollenbeschreibungen sowie ein Beispiel für eine mögliche Gestaltung aufzeigen. Im nächsten Schritt vereinen wir dann die Rollenbeschreibungen mit dem Kompetenzmodell. Bitte beachten Sie, dass Sie die Rollenbeschreibung für jeden Jobtitel in Bezug auf die inhaltliche Gestaltung individuell ausformulieren, der Rahmen ist meistens derselbe.

Folgende Punkte sind in der Vorlage meiner Rollenbeschreibung enthalten:

- *Ziele der Position*: Dieser Punkt in der Beschreibung hört sich für viele zunächst sehr schwierig an. Jedoch werden Sie am meisten hiervon profitieren. Die Definition der Ziele einer Position helfen Ihnen dabei, die Aufgaben damit abzuleiten. Konzentrieren Sie sich hier auf die Position und nicht auf die Unternehmensziele. Jedes Unternehmen hat das Ziel erfolgreicher und wirtschaftlicher zu werden. Was muss also diese Position genau ausführen, damit das Unternehmen dieses Ziel auch erreichen kann.

- *Kernaufgaben und ggf. Nebenaufgaben*: Ableitend von den Zielen beschreibt man hier verständlich die Kernaufgaben der Position. In manchen Positionen ist es auch möglich, Nebenaufgaben zusätzlich zu den Kernaufgaben zu haben, diese können dann ebenfalls erfasst werden. Denken Sie bitte immer daran, dass Sie diese Rollenbeschreibung für die Gruppe der Mitarbeiter erstellen, die später den Jobtitel und damit die Rollenbeschreibung erhalten werden. Es ist nicht das Ziel, für jeden einzelnen Mitarbeiter eine Rollenbeschreibung zu erstellen. Sie werden daher niemals bis ins kleinste Detail alle Aufgaben der Mitarbeiter dieser Position erfassen können. Fokussieren Sie sich hier auf die Mehrheit der anfallenden Aufgaben und halten Sie sich nicht zu sehr mit kleinen Details auf.
- *Fachliche Anforderungskriterien*: Dieser Punkt wird oft mit den Qualifizierungsvoraussetzungen verwechselt. Hier geht es rein um die Fachlichkeit, die benötigt wird, um diese Aufgabe auszuüben. Beispielsweise benötigt der Softwareentwickler eine andere Fachlichkeit als ein Buchhalter.
- *Qualifizierungsvoraussetzungen*: Welche Qualifizierung ist notwendig, um diese Rolle auszuführen. Sind vielleicht Zertifizierungen notwendig für die Rolle oder ggf. sogar eine entsprechende Ausbildung? Hier erfassen Sie genau diese Voraussetzungen.

Ich habe versucht, meine Rollenbeschreibungen so einfach und übersichtlich wie möglich zu halten. Sicherlich gibt es auch einige weitere Punkte, die man hier aufnehmen könnte. Immer wieder sehe ich Vorlagen für Rollenbeschreibungen, in denen z. B. eine Vertreterregelung, Unterschriftsvollmacht, benötigte Arbeitszeit für diese Position etc. aufgeführt sind. Diese Rahmenbedingungen für die Rollenbeschreibungen habe ich bewusst herausgelassen. Ich möchte mich auf die Rolle selbst fokussieren, dabei ist es unerheblich, ob eine Unterschriftsvollmacht vorliegen muss oder die Position mit einer Vollzeitkraft besetzt werden sollte. In der Personalplanung mag das von Interesse sein, jedoch nicht bei der Erstellung der Aufgaben und damit der verbundenen Rolle des Mitarbeiters oder der Führungskraft.

Die persönlichen Anforderungskriterien habe ich ebenfalls bewusst in meiner Rollenbeschreibung ausgelassen. Diese tauchen ausreichend erläutert im Kompetenzmodell auf.

Das Kompetenzmodell fokussiert sich auf die persönlichen Anforderungen des Mitarbeiters oder der Führungskraft und ergänzt daher die Rollenbeschreibungen hervorragend.

4.3.1 Die Abstufung der Levels in der Rollenbeschreibung

Die Erstellung der Rollenbeschreibungen ist, wie Sie sicherlich bemerkt haben, nicht sehr schwierig. Selbstverständlich benötigen Sie hier viel Abstimmungsbedarf und müssen sich mit den einzelnen Rollen auseinandersetzen. Jedoch müssen Sie auch in der Lage sein, in einem

Pfad bzw. Unterpfad die Ziele, Kernaufgaben, Anforderungen und Qualifizierungsvoraussetzungen je nach Level abzustufen. Eine Rolle in Level 1 im selben Pfad bzw. Unterpfad kann nicht die gleichen Ziele, Kernaufgaben, Anforderungen und Qualifizierungsvoraussetzungen beinhalten wie eine Rolle in Level 3 oder 4. Sicherlich ähneln sich die Inhalte insbesondere bei den Kernaufgaben oder teilweise auch bei den Anforderungen. Jedoch steigt mit dem Level nicht nur die Fachlichkeit, sondern auch die Verantwortung. Hierfür sind dann andere Qualifizierungsvoraussetzungen notwendig.

Insbesondere für die Mitarbeiter und Führungskräfte sollte die Abstufung je Level transparent und einfach verständlich sein. Genau an dieser Stelle entstehen die meisten Komplikationen. Denn eine Abstufung sollte möglichst genau definiert werden und bedarf eines großen Erklärungsprozesses.

In Abschnitt 2.1.5 habe ich Ihnen die vier gängigsten Begriffe zur Beschreibung von Anforderungen definiert. Am häufigsten werden hier »Kenntnis«, »Erfahrung«, »Kompetenz« und »Fähigkeit« verwendet. Diese vier Begriffe werden uns nun durch die inhaltliche Gestaltung der Rollenbeschreibungen begleiten. Bitte beachten Sie, dass Sie selbstverständlich auch andere Begriffe für die Beschreibung der Anforderungen wählen können. Bitte definieren Sie diese jedoch ausreichend. Die Definitionen zu diesen Anforderungen habe ich Ihnen hier erneut eingefügt:

Definitionen

- *Kenntnis*: Wissen, das man von etwas hat. Kenntnisse sind erworbene Fakten, Informationen und Fähigkeiten. In der Schule und den ersten Studiensemestern eignet man sich z. B. Kenntnisse an.
- *Erfahrung*: Bezeichnet die durch Wahrnehmung und Lernen erworbenen Kenntnisse und Verhaltensweisen oder im Sinne von »Lebenserfahrung« die Gesamtheit aller Erlebnisse, die eine Person jemals hatte, einschließlich ihrer Verarbeitung. Die Kenntnisse, die man sich in der Schule und im Studium angeeignet hat, werden zu Erfahrungen, wenn man die erworbenen Kenntnisse in der Praxis umgesetzt hat und aus den Resultaten seine Schlüsse zieht.
- *Kompetenz*: Ist die Fähigkeit einer Person, Anforderungen in bestimmten Bereichen aufgrund von Erfahrung, Können und Wissen zu erfüllen. Sie ermöglicht selbstbestimmtes Handeln in wechselnden Situationen von Beruf und Alltag. Vereinfacht: Man besitzt die erforderliche Erfahrung und ist zudem in der Lage, diese in der richtigen Situation passgenau einzusetzen.
- *Fähigkeit*: Eine Fähigkeit beschreibt die ganz grundsätzlichen körperlichen und geistigen Voraussetzungen eines Menschen, die er mitbringt, um Leistungen zu erbringen. Sie sind abhängig von der genetischen Veranlagung eines Menschen und dem, was er sich im Laufe seines Lebens durch Lernen und Sozialisierung aneignet.

Für die optimale Befüllung der Rollenbeschreibungen sind Sie auf Input seitens der Führungskräfte und Mitarbeiter angewiesen. Ich empfehle Ihnen, sich Führungskräfte und Mitarbeiter auszuwählen und aufzulisten, die je nach Pfad bzw. Unterpfad von Interesse sind und dazu kompetent helfen und beraten können. Die Befragung aller Mitarbeiter im Unternehmen wäre je nach Unternehmensgröße eine zu große Herausforderung und vermutlich nicht sehr einfach umsetzbar. Daher ist es hier sicherlich besser, eine Gruppe von passenden Mitarbeitern nach Rücksprache mit der jeweiligen Führungskraft auszuwählen. Die Führungskräfte sollten in der Lage sein, Ihnen in etwa mitzuteilen, wo im Karrieremodell sie die Mitarbeiter bereits sehen.

Starten Sie mit den Führungskräften. Gehen Sie hierbei nicht gleichzeitig auf alle Führungskräfte zu, sondern selektieren Sie je nach Fachbereich bzw. Fachlichkeit. Wenn Sie beispielsweise mehrere Führungskräfte in der Softwareentwicklung haben, macht es sicherlich Sinn, diese zu einem gemeinsamen Termin einzuladen. Erklären Sie den Führungskräften in diesen Terminen nochmals ausführlich das Karrieremodell und insbesondere die Rollenbeschreibungen und deren Funktion.

In der Regel startet man mit dem Durchsprechen der in Level 1 stehenden Rollen. Die anschließende Herausforderung liegt in der sauberen Abstufung zu den höheren Leveln. Hierbei spielen die verwendeten Begrifflichkeiten eine zentrale Rolle. Dabei ist nicht nur die Rede von »Kenntnis«, »Erfahrung«, »Kompetenz« und »Fähigkeit«, sondern auch die Begrifflichkeit, die man für die entsprechende Abstufung benötigt. Hierzu habe ich sehr viel recherchiert und wenig verwunderlich festgestellt, dass es wirklich nicht sehr einfach ist, eine Abstufung vorzunehmen. Entschieden habe ich mich nach dieser Recherche für die Begrifflichkeiten »erste«, »gute«, »sehr gute« und »tiefgehende«. Es mag sein, dass Sie das an die Benotung in der Schule erinnert, für die Abstufung zwischen den Levels und der Darstellung der jeweiligen Fachlichkeit sowie Verantwortung sind diese jedoch notwendig.

Zur Erinnerung habe ich Ihnen hier nochmals die Erklärungen aus Kapitel 2 eingefügt. Zur Vereinfachung habe ich das Wort »Erfahrung« als Beispiel verwendet:

Beispiele für Abstufungen

- *Erste Erfahrung*: Bewerber/Mitarbeiter ist schon einmal mit z. B. Programmierung in Berührung gekommen. Benötigt aber noch eine solide Einarbeitung.
- *Gute Erfahrung*: Bewerber/Mitarbeiter ist schon mehrmals mit z. B. Programmierung in Berührung gekommen, kennt sich damit aus, kann eigenständig damit arbeiten.
- *Sehr gute Erfahrung*: Bewerber/Mitarbeiter hat mit z. B. Programmierung gearbeitet, kann eigenständig damit arbeiten, könnte anderen z. B. Programmierung beibringen oder andere in Themenfelder einarbeiten. Verfügt über ein umfangreiches Wissen.
- *Tiefgehende Erfahrung*: Bewerber/Mitarbeiter hat über einen längeren Zeitraum mit z. B. Programmierung gearbeitet, kann eigenständig damit arbeiten, könnte anderen z. B. Programmierung beibringen oder andere in Themenfelder einarbeiten. Verfügt über Detailwissen und ist ein Experte auf seinem Gebiet.

Bitte beachten Sie, dass diese vier Abstufungen nicht für die einzelnen Level gelten. Konkret bedeutet das, dass in Level 1 nicht nur der Begriff »erste« verwendet wird. Die Kombination aus den einzelnen Abstufungen machen das jeweilige Level aus. Es kann also sein, dass eine Anforderung beispielsweise mit »gute« eingestuft wird, obwohl die Einordnung in Level 1 erfolgt ist.

Gerne können Sie auch Ihre eigenen Begrifflichkeiten für die Abstufungen verwenden. Bitte definieren Sie diese jedoch sauber aus und erklären genau, was darunter zu verstehen ist.

Wenn Sie dies verinnerlicht haben, starten Sie damit, sich den entsprechenden Input zu den einzelnen Punkten in den Rollenbeschreibungen von den ausgewählten Führungskräften einzuholen. Schreiben Sie sich möglichst alle Stichpunkte auf, die Sie von den Führungskräften erhalten und fassen diese dann anschließend in der jeweiligen Rollenbeschreibung zusammen. Senden Sie die fertig formulierte Rollenbeschreibung an die jeweiligen Führungskräfte und holen Sie sich eine finale Freigabe.

Wenn alle Rollenbeschreibungen für den jeweiligen Pfad bzw. Unterpfad mit den Führungskräften besprochen und auch freigeben sind, gehen Sie nun auf die ausgewählten Mitarbeiter zu. Sprechen Sie am besten vorher mit den direkten Führungskräften und lassen Sie sich die am besten geeigneten Mitarbeiter für die Besprechung der jeweiligen Rolle benennen. Diese Mitarbeiter arbeiten ja täglich in dieser Position und können Ihnen am besten mitteilen, ob die Rollenbeschreibung tatsächlich passend und vor allem auch nachvollziehbar ist. Starten Sie auch hier mit der Beschreibung des Karrieremodells, den Rollenbeschreibungen und deren Funktion. Sollte es gravierende Unterschiede zwischen dem Input der Führungskraft und der Mitarbeiter geben, holen Sie am besten beide Parteien an einen Tisch und sprechen nochmals offen über die Meinungsverschiedenheiten. Ziel ist es, eine gemeinsame Lösung zu finden, die die wirkliche Rolle abbildet.

Bei der Gestaltung und Befüllung der Rollenbeschreibungen bin ich an eine Herausforderung gestoßen, die relativ schwer zu lösen war. In meinem Karrieremodell habe ich Unterpfade, die sich teilweise von der Fachlichkeit sehr ähneln. Beispielsweise waren das die Unterpfade »Systemintegration« und »Systems Engineering«. Der Abstimmungsbedarf war hier viel höher als vorher angenommen. Bitte beachten Sie auch bei der Gestaltung und Ausarbeitung Ihres Karrieremodells, insbesondere der Rollenbeschreibungen, dass Sie evtl. zwei sehr ähnliche Pfade bzw. Unterpfade sauber inhaltlich voneinander trennen sollten.

Gerne möchte ich Ihnen hier ein Beispiel für eine ausgefüllte Rollenbeschreibung geben. Ich habe in meinem Beispiel die Rolle des Softwareentwicklers in Level 1 ausgewählt (s. Abb. 24).

Bitte wundern Sie sich nicht über den wenigen Text in der Rollenbeschreibung. Es macht keinen Sinn, hier ganze ›Romane‹ zu verfassen. Ziel sollte es sein, kurz und prägnant auf den Punkt zu kommen und die jeweiligen Punkte kurz, jedoch aussagekräftig zu definieren. An diesem Beispiel sehen Sie auch die Abstufung, die ich bei dem Softwareentwickler in Level 1 verwendet habe.

Jobtitel
Softwareentwickler – Software Developer
Ziel der Position
Fehlerfreie und zeitgemäße Auslieferung der Software nach den Vorgaben des Auftraggebers und dessen Implementierung
Rollenbeschreibung
- Erstellen von Lasten- und Pflichtheften - Umsetzung der Anforderungen in Python, C#, Java, C++,... - Support und Fehlerbehebung - Erstellung von Dokumentationen - Erstellen von Entwicklertests
Fachliche Anforderungen
- Erste Erfahrungen in den Programmiersprachen Java, C#, Python, C++... - Erste Erfahrungen in JavaScript, Eclipse/RCP, WebServer, Datenbanken (SQL) - Erfahrungen im Bereich Automotiv, Windenergie, Batteriemanagement, Telekommunikation von Vorteil
Qualifizierungsvoraussetzungen
- Abgeschlossenes Studium der Informatik, Elektrotechnik oder eine vergleichbare Qualifikation (z. B. Ausbildung zum Fachinformatiker Anwendungsentwicklung) - Sehr gute Deutsch- und gute Englischkenntnisse

Abb. 24: Beispiel für eine ausgefüllte Rollenbeschreibung

Die Ausarbeitung und Abstimmung aller Rollen in Ihrem Karrieremodell wird Sie sicherlich einiges an Zeit kosten. Bitte planen Sie hier reichlich Zeit ein und vergessen Sie nicht, Ihren Zeitplan stets aktuell zu halten. Diese Aufgabe sollte sehr sauber und mit viel Feingefühl aufgearbeitet werden.

Sind die Rollenbeschreibungen einmal sauber aufbereitet, bedeutet das nicht, dass diese nicht mehr aktualisiert werden müssen. Sehen Sie das gesamte Projekt immer als einen dynamischen Prozess an, es muss stets den Gegebenheiten des Unternehmens und dem Wandel angepasst werden.

4.3.2 Einfügen der Gehaltsbandbreiten in die Rollenbeschreibung

Ihre Rollenbeschreibungen sind komplett, wenn Sie nun auch noch die richtige Gehaltsbandbreite angeben und somit für mehr Transparenz sorgen. Dieses Thema hatte ich Ihnen bereits detailliert in Abschnitt 3.10 beschrieben und erläutert. Sicherlich ist es eine Unternehmensentscheidung, ob Sie die Gehaltsbandbreiten überhaupt veröffentlichen wollen. Wenn die Entscheidung gegen die Veröffentlichung der Gehaltsbandbreiten fällt, sollten diese zumindest für die Führungskräfte zugänglich gemacht werden.

Wenn Sie sich im Unternehmen entscheiden, diese Gehaltsbandbreiten jährlich zu aktualisieren und auch in Ihren Rollenbeschreibungen und Stellenanzeigen zu veröffentlichen, könnte dies in Ihren Rollenbeschreibungen wie in Abbildung 25 aussehen.

Rollenbeschreibung Softwareentwickler – Software Developer **Pfad: Fachkarriere** **Unterpfad: Software** **Level: 1**
Gehaltsbandbreite: 44.000 – 55.000 EUR

Jobtitel
Softwareentwickler – Software Developer
Ziel der Position
Fehlerfreie und zeitgemäße Auslieferung der Software nach den Vorgaben des Auftraggebers und dessen Implementierung
Rollenbeschreibung
- Erstellen von Lasten- und Pflichtheften - Umsetzung der Anforderungen in Python, C#, Java, C++,... - Support und Fehlerbehebung - Erstellung von Dokumentationen - Erstellen von Entwicklertests
Fachliche Anforderungen
- Erste Erfahrungen in den Programmiersprachen Java, C#, Python, C++... - Erste Erfahrungen in JavaScript, Eclipse/RCP, WebServer, Datenbanken (SQL) - Erfahrungen im Bereich Automotiv, Windenergie, Batteriemanagement, Telekommunikation von Vorteil
Qualifizierungsvoraussetzungen
- Abgeschlossenes Studium der Informatik, Elektrotechnik oder eine vergleichbare Qualifikation (z. B. Ausbildung zum Fachinformatiker Anwendungsentwicklung) - Sehr gute Deutsch- und gute Englischkenntnisse

Abb. 25: Beispiel für die Abbildung der Gehaltsbandbreite in einer Rollenbeschreibung

Durch sauber ausformulierte Rollenbeschreibungen erleichtern Sie auch das Leben der Recruiter, denn nun können die Stellenausschreibungen gezielter gestaltet werden. Darüber hinaus können den Kandidaten die Positionen auch genauer erklärt werden.

Nutzen Sie Ihre nun passgenau aufbereiteten Rollenbeschreibungen für interne und externe Marketingzwecke. Denn glauben Sie mir, nicht viele Unternehmen können von sich behaupten, sauber ausformulierte Rollenbeschreibungen für alle Jobtitel zu besitzen.

4.4 Das Kompetenzmodell trifft auf die Rollenbeschreibung

Ihre Rollenbeschreibungen sind ausgearbeitet, nun ist es an der Zeit, diese mit dem Kompetenzmodell zu vereinen. Während in den meisten Unternehmen das Kompetenzmodell als einzelnes Element in der Personalentwicklung gesehen und gestaltet wird, war es mein Streben, dieses in die Rollenbeschreibungen und damit auch in das Karrieremodell zu integrieren.

Wie bereits erwähnt bin ich keine Eignungsdiagnostikerin, das sind jedoch vermutlich die wenigsten Mitarbeiter in Personalabteilungen. Mein Ziel war es, die Kompetenzen der Mitarbeiter und Führungskräfte auf einfache und effektive Art und Weise zu erfassen und daraus weitere Punkte wie z. B. Mitarbeitergesprächsbögen und Trainingskataloge abzuleiten. Sicherlich gibt es in diesem Themenfeld professionellere Lösungen, jedoch kann man die Wenigsten mit den Rollenbeschreibungen verknüpfen. Kompetenzen stellen für mich die persönlichen Fähigkeiten und Anforderungen dar, die definitiv in eine sauber formulierte Rollenbeschreibung hineingehören.

4.4.1 Die Verwendung der unterschiedlichen Kompetenzen

In Abschnitt 2.2 habe ich Ihnen erklärt, was ein Kompetenzmodell ist und welche Arten von Kompetenzen in der Regel gemessen werden. Typischerweise handelt es sich hier um die Fachkompetenz, Methodenkompetenz, Selbstkompetenz und Sozialkompetenz. Zur Erinnerung habe ich Ihnen hier erneut die Erklärungen dazu eingefügt:

Kompetenzen

- *Fachkompetenz*: Dies ist die Kompetenz, die aufgrund von Ausbildung, Studium und/oder Berufserfahrung gewonnenes Fachwissen repräsentiert. Die Fachkompetenz dient dazu, dass man sein Fachwissen bei der Lösung von Aufgaben im Berufsalltag anwendet und in der Lage ist, die Situation fachgerecht zu beurteilen.
- *Methodenkompetenz*: Um entsprechendes Fachwissen stetig aufzubauen, sollte man ein Wissen über Lernstrategien besitzen. Die Methodenkompetenz gibt demnach auf die folgende Frage eine Antwort: Woher erhalte ich meine Informationen, um mich stetig in der Fachlichkeit weiterzuentwickeln? Da die Fachkompetenz mit der Zeit nachlassen kann, sollte jeder Mitarbeiter und jede Führungskraft über eine entsprechende Methodenkompetenz verfügen, um seine fachliche Kompetenz zu erhalten oder zu erweitern und nicht zu verlieren.
- *Selbstkompetenz*: Diese Kompetenz dient dazu, sich immer wieder zu reflektieren. Hierbei überprüft man unter anderem seine eigene Entwicklung und kann Chancen abwägen, um ggf. Ziele daraus abzuleiten.
- *Sozialkompetenz*: Die Interaktion zwischen den Menschen wird in dieser Kompetenz großgeschrieben. Die Sozialkompetenz gibt unter anderem Antworten auf die Fragen: Wie findet die Kommunikation untereinander statt? Wie hoch ist die Teamfähigkeit?

Für mein Kompetenzmodell habe ich nach längeren Recherchen und Planungen angestrebt, die Kompetenzen passend zu der Rollenbeschreibung zu gestalten. Sie sollten aussagekräftig, aber dennoch auch verständlich aufgebaut sein. Daher habe ich mich für eine neue Struktur entschieden, die ich Ihnen hier näher erklären möchte. Insgesamt besteht mein Kompetenzmodell aus drei Kompetenzfeldern. In meiner Entscheidungsfindung hat mir besonders die Personalmanagementsoftware rexx geholfen. In dieser Software sind bereits viele Kompetenzfelder und Unterfelder aufgelistet. Diese habe ich umstrukturiert, angepasst und in mein Modell einfließen lassen.

Das erste Kompetenzfeld sind die »Allgemeinen Kompetenzen«. Hierunter kann man sich unter anderem Aspekte wie »Selbstkenntnis, Sozialkenntnis« etc. vorstellen. Es ist im weiteren Sinne die Abbildung der persönlichen Kompetenzen.

Das zweite Kompetenzfeld sind die »Fachlichen Kompetenzen«. Hierunter sind unter anderem fachliche Themengebieten wie »Einkauf, Verkauf, Marketing« etc. zu finden. Je nach Rolle müssen diese Themengebiete entsprechend ausgewählt werden. Bitte verwechseln Sie diesen Punkt nicht mit den fachlichen Anforderungen in der Rollenbeschreibung. Anforderungen beschreiben die Inhalte, die man für diese Rolle beherrschen sollte. Das Kompetenzmodell gibt dagegen Auskunft, wie gut oder schlecht man in diesen Themenfeldern tatsächlich aufgestellt ist.

Das dritte Kompetenzfeld sind die »Technischen Kompetenzen«. Je nach Position sind hier die einzelnen Komponenten wie z. B. das Projektmanagement oder ggf. auch Datenanalyse gemeint. Der Umgang mit Tools und die Kompetenz, mit der man dies ausführt, kann hier ebenso aufgelistet werden. Auch hier unterscheiden sich die Inhalte je nach Rolle (s. Abb. 26).

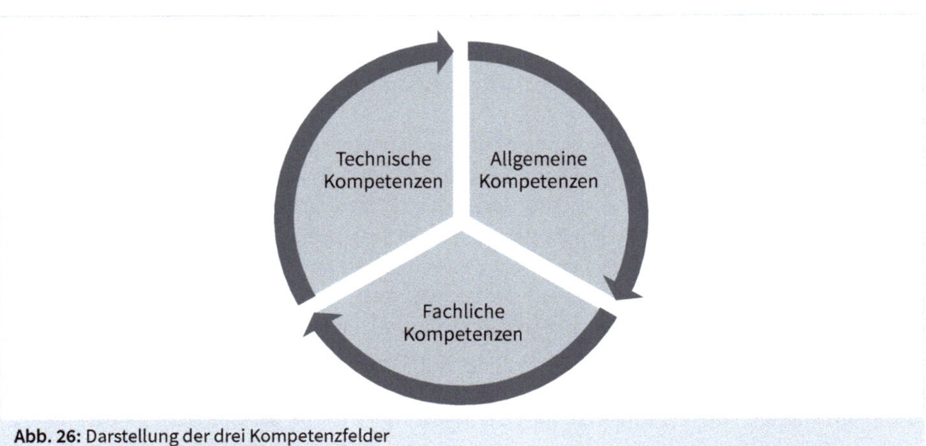

Abb. 26: Darstellung der drei Kompetenzfelder

Die drei Kompetenzfelder und deren Unterpunkte habe ich Ihnen hier aufgelistet:

1. **Allgemeine Kompetenzen**

- Selbstkenntnis
  - Selbstwertgefühl
  - Selbstvertrauen
  - Wertschätzung
  - Selbstwirksamkeit
  - Selbstbeobachtung
  - Eigenverantwortung
  - Selbstdisziplin
- Sozialkenntnis
  - Hilfsbereitschaft
  - Anerkennung
  - Empathie/Perspektivenübernahme
  - Kompromissfähigkeit
  - Durchsetzungsvermögen
  - Menschenkenntnis
  - Kritikfähigkeit
  - Toleranz
  - Interkulturelle Kompetenz
  - Zivilcourage
- Zusammenarbeit
  - Teamfähigkeit
  - Kooperation
  - Motivation anderer
  - Konfliktfähigkeit
  - Kommunikationsfähigkeit
  - Problemlösungsorientierung
- Persönliche Kompetenzen
  - Emotionale Intelligenz
  - Fleiß
  - Flexibilität
  - Engagement
  - Schnelle Auffassungsgabe
  - Selbstständige Arbeitsweise
- Führungskompetenzen
  - Verantwortung
  - Durchsetzungsvermögen
  - Vorbildfunktion
  - Präsentationsfähigkeit

2. **Fachliche Kompetenzen (in dieser Auflistung sind nur Beispiele, bitte für Ihr Unternehmen entsprechend anpassen!)**

- Verkauf
  - Kundenorientierung
  - Verhandlungsgeschick
  - Selbstmanagement
  - Zielstrebigkeit
  - Kreativität
- Marketing
  - Empathie für Kunden, Produkte und Aufgaben
  - Innovationsfähigkeit, Kreativität
  - Technisches Verständnis
- Human Resources
  - Menschenkenntnis
  - Begeisterungsfähigkeit
  - Talentmanagement
- Ingenieure/Techniker
  - Technisches Verständnis
  - Analytisches, kreatives und konzeptionelles Denken

3. **Technische Kompetenzen (in dieser Auflistung sind nur Beispiele, bitte für Ihr Unternehmen entsprechend anpassen!)**

- Projektmanagement
  - JIRA
  - Scrum
- Datenanalyse
  - Microsoft Azure
  - SAP HANA Cloud Platform
- Programmiersprachen
  - Java
  - C
  - C++
  - PHP
  - Python
- Buchhaltungsmanagement
  - DATEV
  - SAGE
- Digitale Kompetenzen
  - Microsoft (Word, Excel, PowerPoint...)
  - Umgang mit Windows

  - Umgang mit Linux
  - Umgang mit Apple OS
  - Adobe
- Zertifikate
  - Azure
  - Scrum
  - ITIL
  - Prince 2

Bitte beachten Sie, dass die Punkte unter »Fachliche Kompetenz« und »Technische Kompetenz« von Ihnen unbedingt entsprechend der Anforderungen in Ihrem Unternehmen bzw. der zu bearbeitenden Rolle befüllt und erweitert werden müssen.

Die Liste ist lang und kann erschlagend wirken. Sie müssen jedoch nicht jeden dieser Punkt für die jeweilige Rollenbeschreibung bzw. das Kompetenzmodell der Position auswählen. Bitte besprechen Sie die Liste mit den Führungskräften und Mitarbeitern und planen, welche der oben aufgelisteten Punkte und Unterpunkte je Position wirklich Sinn machen. Damit kreieren Sie dann für jede Rolle und damit jeden Jobtitel ein individuelles Kompetenzmodell. Sie müssen das wie eine Art Drag and Drop ansehen: Ziehen Sie sich die Punkte in das Kompetenzmodell hinein, die für diese Rolle Sinn ergeben. Beispielsweise werden Sie die Führungskompetenzen (unter »Allgemeine Kompetenzen«) nur für die Rollen benötigen, die wirklich auch eine Führungsrolle ausfüllen.

Auch wenn die einzelne Bezeichnung der Kompetenzen und der Kompetenzfelder teilweise selbsterklärend sind, ist es wichtig, diese trotzdem sauber zu definieren, damit jeder sich in etwa dasselbe darunter vorstellen kann. Denken Sie immer wieder an das assoziative Netzwerk in uns, welches beim Wahrnehmen einzelner Wörter in Kraft tritt und so teilweise für Missverständnisse in der Kommunikation sorgt. Auch für die Mitarbeiter und Führungskräfte sollten diese Begrifflichkeiten sauber definiert und erklärt werden.

In den Tabellen 30-32 habe ich Ihnen die Erklärung der meisten Kompetenzen und Kompetenzfelder in kurzen Sätzen eingefügt und dargestellt. In Tabelle 30 sind die Definitionen für »Allgemeine Kompetenzen« und die Unterpunkte abgebildet. Tabelle 31 bildet die Definitionen für »Fachliche Kompetenzen« und die Unterpunkte ab. Bitte beachten Sie, dass hier lediglich Beispiele für die fachlichen Bereiche aufgeführt sind und Sie diese ergänzen bzw. überarbeiten sollten. Tabelle 32 führt die Definitionen für »Technische Kompetenzen« und die Unterpunkte auf. Bitte beachten Sie, dass es hier lediglich Beispiele für die technischen Bereiche dargestellt sind und Sie diese ergänzen bzw. überarbeiten sollten.

Unterpunkt der Kompetenz		Definition
Selbstkenntnis	Selbstwertgefühl	Ist die Bewertung, die man von seinen eigenen Fähigkeiten und Eigenschaften, also von sich selbst, hat.
	Selbstvertrauen	Ist das Vertrauen in seine eigenen Fähigkeiten und Stärken.
	Wertschätzung	Ist die Fähigkeit, anderen Menschen Achtung, Respekt und Bewunderung entgegenzubringen.
	Selbstwirksamkeit	Ist die Fähigkeit, auch in Extremsituationen aufgrund seiner eigenen Kompetenzen eine Handlung erfolgreich auszuführen.
	Selbstbeobachtung	Beschreibt eigenes Erleben und Verhalten zu betrachten, um Selbstkenntnis zu erlangen.
	Eigenverantwortung	Die Verantwortung, für das eigene Handeln oder das Unterlassen der Handlung die Konsequenzen zu tragen bzw. die Verantwortung zu übernehmen.
	Selbstdisziplin	Ist ein kontrolliertes Verhalten, das den gewünschten Zustand aufrechthält oder diesen herbeiführt.
Sozialkenntnis	Hilfsbereitschaft	Die Bereitschaft, anderen zu helfen.
	Anerkennung	Beschreibt die Fähigkeit, anderen Personen Akzeptanz, Lob und Respekt entgegenzubringen und die Menschen so zu akzeptieren, wie sie sind.
	Empathie/Perspektivenübernahme	Eine ausgeprägte Empathie sorgt dafür, dass man sich in sein Gegenüber versetzen und Tatsachen aus dessen Blickwinkel betrachten kann.
	Kompromissfähigkeit	Beschreibt die Fähigkeit, einen Mittelweg zur Lösung des Problems zu finden und seinem Gegenüber entgegenzukommen.
	Durchsetzungsvermögen	Beschreibt die Fähigkeit, seine eigenen Ziele und Interessen durchzusetzen und andere von der eigenen Meinung zu überzeugen.
	Menschenkenntnis	Ist die Kenntnis, in der man aufgrund gewonnener (Lebens-) Erfahrung in der Lage ist, andere Menschen richtig einzuschätzen.
	Kritikfähigkeit	Beschreibt die Fähigkeit, zum einem Kritik zu akzeptieren und entgegenzunehmen, und zum anderen die Fähigkeit, Kritik zu äußern.
	Toleranz	Beschreibt die Fähigkeit, neben der eigenen Meinung auch die Meinung anderer gelten zu lassen.
	Interkulturelle Kompetenz	Die Fähigkeit, die es uns erleichtert, mit Menschen aus anderen Kulturen umzugehen und diese zu verstehen.
	Zivilcourage	Ist ein mutiges Verhalten, um anderen Menschen ggf. in gefährlichen oder unfairen Situationen beizustehen.

Unterpunkt der Kompetenz		Definition
Zusammenarbeit	Teamfähigkeit	Bezeichnet die Kompetenz, die man aufbringt, um mit anderen Personen im Team erfolgreich und konstruktiv zusammenzuarbeiten.
	Kooperation	Beschreibt den Zusammenschluss von zwei oder mehreren Personen, um die gemeinsamen Ziele zu erreichen.
	Motivation anderer	Beschreibt die Fähigkeit, andere Menschen oder Teamkollegen zu motivieren.
	Konfliktfähigkeit	Beschreibt die Fähigkeit, einen Konflikt anzunehmen und diesen (konstruktiv) zu bewältigen.
	Kommunikationsfähigkeit	Nicht nur die Kommunikation in gesprochener Sprache ist hiermit gemeint, sondern auch die Fähigkeit, die Botschaften der anderen Menschen richtig zu verstehen und zu interpretieren.
	Problemlösungsorientierung	Beschreibt das Streben, Probleme zu lösen und zu bewältigen und diese nicht nur auszusitzen.
Persönliche Kompetenzen	Emotionale Intelligenz	Beschreibt kurzgefasst die Fähigkeit, die Emotionen seines Gegenübers zu erkennen und passend darauf zu reagieren.
	Fleiß	Beschreibt die Bemühung, um die gesteckten Ziele zu erreichen, und dafür die Bereitschaft zu zeigen, seine Zeit zu investieren.
	Flexibilität	Beschreibt die Fähigkeit, sich auf geänderte Aufgabenstellungen, Anforderungen oder Gegebenheiten problemlos und schnell einzustellen.
	Engagement	Beschreibt die Hingabe gegenüber seiner Aufgabe und den Einsatz dafür.
	Schnelle Auffassungsgabe	Beschreibt die Fähigkeit, neue Inhalte und Zusammenhänge schnell zu verstehen und zu erfassen.
	Selbstständige Arbeitsweise	Beschreibt die Fähigkeit, ohne ständige Anleitung die anfallenden Aufgaben selbstständig und korrekt auszuführen.
Führungskompetenzen	Verantwortung	Beschreibt die Übernahme der Verantwortung für das Handeln der eigenen Mitarbeiter. Außerdem ist man in der Lage, hierfür auch Rechenschaft abzulegen und die eigenen Mitarbeiter zu schützen.
	Durchsetzungsvermögen	Beschreibt situationsbezogenes Durchsetzungsvermögen, um Aufgaben und Ziele im Team zu erreichen, ohne auf persönliche Empfindlichkeiten der Mitarbeiter zu reagieren.
	Vorbildfunktion	Beschreibt die Fähigkeit, die geforderte Arbeit und Verhaltensweise seinem Team bzw. seinen Mitarbeitern vorzuleben.
	Präsentationsfähigkeit	Beschreibt die Fähigkeit, auch in unerwarteten Situationen einen Inhalt professionell und erfolgreich vorzustellen.

Tab. 30: Definitionen der Unterpunkte in der »Allgemeinen Kompetenz«

Unterpunkt der Kompetenz		Definition
Verkauf	Kundenorientierung	Die Fähigkeit, die Zielgruppe der Kunden zu kennen und darüber hinaus gute Kundenbeziehungen aufzubauen.
	Verhandlungsgeschick	Beschreibt die Geschicklichkeit, mit vorteilhaften Ergebnissen für beide Parteien zu verhandeln.
	Selbstmanagement	Beschreibt die Kompetenz, die eigene berufliche und persönliche Entwicklung unabhängig von äußeren Einflüssen zu gestalten.
	Zielstrebigkeit	Ist das Streben, das Ziel stets vor Augen zu haben und es mit allen Mitteln zu erreichen.
	Kreativität	Beschreibt die Fähigkeit, in gestaltender Weise zu denken und dadurch eine Handlung zu tätigen. In der Regel bedeutet Kreativität auch etwas Neues oder Originelles zu erschaffen oder originelle Lösungsansätze zu finden.
Marketing	Empathie für Kunden, Produkte und Aufgaben	Beschreibt die Fähigkeit, sich in die Wünsche und Belange der Kunden, deren Produkte oder Aufgaben hineinzuversetzen und daraus die beste Lösung anzubieten.
	Innovationsfähigkeit, Kreativität	Beschreibt, eine Tätigkeit stets mit innovativen Mitteln zu lösen und stets einfallsreiche und originelle Ideen einzubringen.
	Technisches Verständnis	Beschreibt die Fähigkeit, sich stets selbst im Aufgabenumfeld weiterzuentwickeln und am Puls der Zeit zu bleiben sowie neue Technologien im Auge zu behalten und bei Bedarf einzusetzen.
Human Resources	Menschenkenntnis	Beschreibt die Kenntnis, die einem erlaubt, Menschen in kürzester Zeit zu beurteilen und zu bewerten.
	Begeisterungsfähigkeit	Beschreibt die Fähigkeit, andere Menschen auch außerhalb des Unternehmens für die Tätigkeit oder die Aufgabe zu begeistern, anzutreiben und dadurch ggf. auch entwickeln zu können.
	Talentmanagement	Beschreibt die Fähigkeit, Mitarbeiter in deren Entwicklung zu unterstützen und ihnen beratend zur Seite zu stehen sowie diverse Angebote stets im Blick zu behalten und daraus die besten Angebote für die Mitarbeiter zur Verfügung zu stellen.
Ingenieure/Techniker	Technisches Verständnis	Beschreibt die Fähigkeit, im jeweiligen Spektrum die technischen Anforderungen zu verstehen und diese ggf. einem Dritten zu vermitteln.
	Analytisches, kreatives und konzeptionelles Denken	Beschreibt die Fähigkeit, Situationen, Umstände und Vorgaben zu erfassen, fachlich zu bewerten und den Anforderungen entsprechend umzusetzen.

Tab. 31: Definitionen der Unterpunkte in der »Fachlichen Kompetenz«

Unterpunkt der Kompetenz		Definition
Projektmanagement	JIRA	Die Fähigkeit, dieses Projektmanagementwerkzeug für eine schnelle und effektive Arbeitsgestaltung einzusetzen.
	Scrum	Beschreibt ein Vorgehensmodell im Projekt- und Produktmanagement und wird auch in der agilen Softwareentwicklung eingesetzt.
Datenanalyse	Microsoft Azure	Ist eine Cloud-Computing-Plattform, die sich in erster Linie an Softwareentwickler richtet.
	SAP HANA Cloud Platform	Ist eine Cloud-Lösung von SAP.
Programmiersprachen	Java	Ist eine objektorientierte Programmiersprache.
	C	Ist eine imperative und prozedurale Programmiersprache.
	C++	Ist eine Erweiterung der Programmiersprache C und ermöglicht eine effiziente und maschinennahe Programmierung.
	PHP	Ist eine Skriptsprache, die hauptsächlich in der Erstellung von dynamischen Webseiten oder Webanwendungen verwendet wird.
	Python	Eine höhere Programmiersprache, die den Anspruch hat, einen gut lesbaren und knappen Programmierstil zu fördern.
Buchhaltungsmanagement	DATEV	Ist die Software, die beispielsweise zur Erstellung von Einkommenssteuererklärungen, der Durchführung der Buchhaltung oder der Entgeltabrechnung von vielen Unternehmen verwendet wird.
	SAGE	Eine Software, die vor allem in der Abteilung Einkauf eingesetzt wird.
Digitale Kompetenzen	Microsoft (Word, Excel, PowerPoint…)	Beschreibt die Fähigkeit über den Umgang mit den Microsoft-Office-Produkten und den sinnvollen Einsatz.
	Umgang mit Windows	Beschreibt die Fähigkeit über den richtigen Umgang mit dem Betriebssystem Windows.
	Umgang mit Linux	Beschreibt die Fähigkeit über den rchtigen Umgang mit dem Betriebssystem Linux.
	Umgang mit Apple OS	Beschreibt die Fähigkeit über den richtigen Umgang mit dem Betriebssystem Apple OS.
	Adobe	Beschreibt die Fähigkeit über den richtigen Einsatz der Adobe-Produkte.

Unterpunkt der Kompetenz		Definition
Zertifikate	Azure	Ist ein Zertifikat von Microsoft. Dadurch erkennt man, dass sich der Mitarbeiter auf dem aktuellen Stand des technologischen Fortschritts befindet. Um das Zertifikat zu erhalten, muss ein Praxistest bestanden werden.
	Scrum	Der Beweis dafür, das Verständnis für Scrum und dessen Bedeutung für die berufliche Praxis erlangt zu haben.
	ITIL	Mit einer ITIL-Zertifizierung besitzt man die Kenntnis, den Unternehmen zu helfen, sich im technologischen Zeitalter zurechtzufinden..
	Prince 2	Ist ein Zertifikat, welches die Kenntnis über die Standards in einem Projektmanagement gibt und diese effektiv einsetzen lässt.

Tab. 32: Definitionen der Unterpunkte in der »Technischen Kompetenz«

Bitte ergänzen Sie diese Tabellen 30-32 nach Ihren Wünschen und Vorgaben im Unternehmen. Sie können auch andere, passendere Definitionen wählen.

Im nächsten Schritt geht es weiter mit der Gestaltung des Kompetenzmodells für jede Rolle durch Einbeziehung der Führungskräfte.

4.4.2 Die Einbeziehung von Führungskräften bei der Erstellung des Kompetenzmodells

Die Einbeziehung der Führungskräfte bei der Erstellung des Kompetenzmodells ist essenziell und unumgänglich. Bitte beziehen Sie die Führungskräfte und andere Vertretergruppen stets mit ein. In Bezug auf das Kompetenzmodell ist dies auch dringend notwendig, jedoch kann man die Einbeziehung nicht in Form von Meetings durchführen, da das Kompetenzmodell zu viele Inhalte bietet, um alles durchzusprechen. Hier sollten Sie eher ein Formular gestalten, welches von den entsprechenden Führungskräften ausgefüllt werden kann. Mit Microsoft Forms habe ich hier sehr gute Erfahrungen gemacht und kann Ihnen dieses Tool sehr ans Herz legen.

Sie bilden die Tabellen 30-32 mit allen Kompetenzfeldern und Unterfeldern beispielsweise in Microsoft Forms ab und gehen mit der folgenden Fragestellung auf die Führungskräfte zu: Welche Kompetenzen benötigt die jeweilige Rolle? Bieten Sie hier auch Raum für eigene Ideen und Wünsche der Führungskräfte. Die Führungskräfte können dann aus den einzelnen Unterpunkten im Kompetenzmodell für die jeweilige Rolle die passenden und geforderten Kompetenzen auswählen. Bitte beachten Sie, dieses Formular an alle Führungskräfte zu senden, die mit derselben Rolle zu tun haben. Sollten Sie z. B. mehrere Abteilungen oder Bereiche der

Softwareentwicklung mit unterschiedlichen Führungskräften haben, senden Sie bitte an alle Führungskräfte dieser Abteilungen dieses Formular. Außerdem gilt, dass für jede einzelne Rolle im Karrieremodell das Formular ausgefüllt werden sollte. Die Kompetenzen für den Softwareentwickler auf Level 1 können sich ggf. etwas von den Kompetenzen des Spezialisten Softwareentwicklung auf Level 2 unterscheiden.

Bevor Sie diese Formulare an die Führungskräfte versenden, schulen Sie diese in einem gemeinsamen Termin und gehen die Kompetenzfelder nochmals Punkt für Punkt durch und erklären die Hintergründe. Bitte hinterlegen Sie auch die Definitionen der Kompetenzen sichtbar und zugänglich (gerne auch direkt im Formular), um hier ggf. Verwirrungen und Missverständnisse zu vermeiden.

In Abbildung 27 ist ein Beispiel dafür gegeben, wie ein Teil dieses Formulars in Microsoft Forms aussehen könnte.

Abschnitt 1

1. Betreust du Software Developer (Karrierelevel 1)?

☐ Ja

☐ Nein

Abschnitt 2

2. Software Developer (Karrierelevel 1)
Bitte gib an, über welche Kompetenzen und Skills deine Mitarbeiter, die als Software Developer beschäftigt sind, verfügen (sollen). Am Ende jedes Bereiches hast du die Möglichkeit fehlende Skills zu ergänzen.

Allgemeine Kompetenzen

☐ Emotionale Intelligenz

☐ Engagement

☐ Fleiß

☐ Flexibilität

☐ Schnelle Auffassungsgabe

☐ Selbstständige Arbeitsweise

☐ Sonstiges

Abb. 27: Beispiel für die Gestaltung des Formulars für die Befragung des Kompetenzmodells

Gerne können Sie auch die Befragung zu den Rollenbeschreibungen gleich hier in das Formular mit einbauen und somit die Befragung für die Rollenbeschreibung sowie das Kompetenzmodell gleichzeitig durchführen.

Bitte informieren Sie die Führungskräfte rechtzeitig über die Befragung und sensibilisieren Sie sie für dieses Thema, um ausreichend Feedback zu erhalten. Die Führungskräfte sollten auch informiert werden, dass das Ausfüllen dieser Formulare definitiv einiges an Zeit in Anspruch nehmen wird. Arbeiten Sie hier stets mit realistischen Deadlines, die Sie entsprechend kommunizieren und in Ihren Zeitplan aufnehmen.

Die Abbildung der Ergebnisse kann man in der Personalmanagementsoftware vornehmen, wenn Sie ein entsprechendes Paket hierfür besitzen. Sollten Sie kein Personalmanagementsystem haben, in dem Sie dies abbilden können, empfehle ich Ihnen, hier auch mit Excel zu arbeiten und Makros einprogrammieren zu lassen. Wenn Sie das Karrieremodell in Excel – wie unter dem Abschnitt 4.2.3 dargestellt – grafisch angelegt haben, können Sie hinter jedem Jobtitel ein Makro programmieren oder jemanden um Hilfe bitten, der Sie hier technisch unterstützen kann. Dieses Makro soll dann dafür sorgen, dass sich mit einem Klick auf den Jobtitel ein neuer Reiter in Excel (in derselben Datei) öffnet. Hier können Sie dann die Rollenbeschreibung darstellen und dazu passend die Anforderungen der Kompetenzen für diese Rolle. Lassen Sie sich hier auch einen »Zurück«-Button programmieren, um wieder auf die Übersicht zu gelangen.

4.4.3 Selbsteinschätzung, Fremdeinschätzung und Kompetenzanforderung je Rolle

Nachdem im oberen Abschnitt 4.4.2 die Kompetenzfelder und die dazugehörigen Definitionen erläutert wurden, muss noch geklärt werden, wie die Bewertung in Sachen Selbsteinschätzung (durch den Mitarbeiter) und Fremdeinschätzung (durch die direkte Führungskraft) erfolgen soll. Sie haben nun schon mit den Führungskräften gesprochen und für jede Rolle die wichtigsten Unterpunkte aus den drei Kompetenzfeldern ausgewählt. Diese haben Sie sauber entweder im Personalmanagementsystem oder in Excel mit Hilfe von Makros abgebildet. Nun muss noch die Frage geklärt werden, wie eine sinnvolle Bewertung erfolgen kann. Welche Methode eignet sich hier am besten, um einfach, aber aussagekräftig vorzugehen?

Wichtig ist, dass die Kompetenzanforderung je Stelle wirklich individuell festgelegt worden ist. Hier fließen auch die Unternehmensziele mit ein, die Sie bisher immer im Hinterkopf behalten mussten. Oftmals wird bei diesem Punkt der Fehler gemacht, dass Führungskräfte bei der Erstellung der Kompetenzanforderung an einen Mitarbeiter denken, der heute bereits sehr gut persönlich und fachlich zu dieser Rolle passt. Durch diese Gedanken entsteht dann in der Regel eine Kompetenzanforderung für die jeweilige Rolle, die eigentlich den ausgewählten Mitarbeiter beschreibt. Weisen Sie bitte Ihre Führungskräfte auf diesen Punkt hin und hinterfragen Sie auch die ausgewählten Kompetenzfelder und Unterpunkte. Die Führungskräfte müssen sich bei der Auswahl der Kompetenzanforderungen immer wieder die Frage stellen: Welche Kompetenzen werden benötigt, um mein Abteilungsziel optimal und effektiv zu gestalten?

Ist dieser Punkt vollständig abgeschlossen, kann es mit der Selbsteinschätzung weitergehen. Das Kompetenzmodell basiert darauf, dass nicht nur die Führungskraft eine Einschätzung über den jeweiligen Mitarbeiter abgibt, sondern auch die Mitarbeiter eine eigene Selbsteinschätzung mit den exakt ausgewählten Kompetenzen betreiben. Ziel ist es hierbei, anschließend die Auswertung des Mitarbeiters mit der der Führungskraft abzugleichen und festzustellen, wo und wie stark sich diese ggf. unterscheiden. Hier geht es auch konkret um die Reflektion des Mitarbeiters und die Einschätzung der Führungskraft. Dieser Punkt wird immer wieder auch kritisch betrachtet, vor allem wenn Führungskräfte nicht ordentlich geschult sind und die Kompetenzauswertung mit Mitarbeitern durchführen, mit denen Sie sich auf persönlicher Ebene vielleicht nicht optimal verstehen. In der Regel sind das Sonderthemen, die dann ein Monitoring oder Coaching benötigen. Ich möchte hier vom Regelfall ausgehen, bei der die Einschätzung beider Seiten nicht zu starken Meinungsverschiedenheiten geführt hat und beide Seiten Ihnen dies mit ausreichenden Abbildungen und Beispielen zu verstehen geben.

Die Einschätzung der »Allgemeinen Kompetenzen« erfolgt für beide Seiten über eine Ordinalskala. Konkret bedeutet das, dass sowohl Mitarbeiter und Führungskraft bei den allgemeinen Kompetenzen eine Auswahl zwischen den folgenden Punkten treffen:

- Sehr gut
- Gut
- Mittel
- Gering
- Keine

Gerne möchte ich dies mit einem Beispiel untermauern:

Beispiel

Wir gehen davon aus, dass ein Softwareentwickler gerade seine Selbsteinschätzung ausfüllt. Unter den allgemeinen Kompetenzen wurde für seine Rolle auch der Unterpunkt Selbstvertrauen (unter Selbstkenntnis) ausgewählt. Der Mitarbeiter soll nun einschätzen, wie er sich in Bezug auf sein Selbstvertrauen sieht. Er wählt hier den Faktor »gut«.

Die Führungskraft hat denselben Bogen vorliegen und füllt diesen in Bezug auf seinen Mitarbeiter, den Softwareentwickler, aus. Die Führungskraft schätzt die Kompetenz Selbstvertrauen bei seinem Softwareentwickler auf »sehr gut«. Auf diese Art und Weise füllen beide für sich den Bogen Punkt für Punkt aus und erreichen damit eine Grundlage für das anstehende Gespräch.

Eine kleine Veränderung habe ich bei der Einschätzung der »Fachlichen Kompetenzen« und »Technischen Kompetenzen« vorgenommen. Hier erfolgt die Auswahl der Einschätzung zwischen folgenden Punkten:

- Tiefgehend
- Sehr gut
- Gut
- Gering
- Keine

Sie erinnern sich sicherlich an diese Begriffe, da ich diese bereits bei der Erstellung und Abstufung der Rollenbeschreibungen verwendet habe. Lediglich das Wort »erste« habe ich hier durch »gering« ersetzt, da es in diesem Zusammenhang sprachlich besser trifft. Ein solcher Bogen könnte dann ggf. so aussehen, wie in Abbildung 28 dargestellt.

ALLGEMEINE KOMPETENZEN

Selbstkenntnis				
Selbstvertrauen				
Einschätzung Mitarbeiter				
Sehr gut	Gut	Mittel	Gering	Keine
Einschätzung Führungskraft				
Sehr gut	Gut	Mittel	Gering	Keine
Wertschätzung				
Einschätzung Mitarbeiter				
Sehr gut	Gut	Mittel	Gering	Keine
Einschätzung Führungskraft				
Sehr gut	Gut	Mittel	Gering	Keine
Eigenverantwortung				
Einschätzung Mitarbeiter				
Sehr gut	Gut	Mittel	Gering	Keine

FACHLICHE KOMPETENZEN

Ingenieure/Techniker				
Technisches Verständnis				
Einschätzung Mitarbeiter				
Sehr gut	Gut	Mittel	Gering	Keine
Einschätzung Führungskraft				
Sehr gut	Gut	Mittel	Gering	Keine
Analytisches, kreatives und konzept Denken				
Einschätzung Mitarbeiter				
Sehr gut	Gut	Mittel	Gering	Keine
Einschätzung Führungskraft				
Sehr gut	Gut	Mittel	Gering	Keine

TECHNISCHE KOMPETENZEN

Programmiersprachen				
Java				
Einschätzung Mitarbeiter				
Tiefgehend	Sehr gut	Gut	Gering	Keine

Abb. 28: Beispiel für die Gestaltung eines Kompetenzbogens für eine Rolle

4.4.3.1 Die Auswertung der Kompetenzen

Die Auswertung der Kompetenzbögen erfolgt mit einem sehr einfachen System. Alle Einschätzungspunkte erhalten eine Zahl, dadurch ist man in der Lage, übersichtliche, grafische Darstellungen zu erzeugen. Konkret bedeutet es, dass wir nun die oben erwähnten Abstufungen in Zahlen umgruppieren. Für die allgemeinen Kompetenzen ergeben sich daraus die Daten in Tabelle 33, für die fachlichen und technischen Kompetenzen die Daten in Tabelle 34.

Abstufungsbegriff	Zahl
Sehr gut	4
Gut	3
Mittel	2
Gering	1
Keine	0

Tab. 33: Umgruppierung der Abstufungsbegriffe im Kompetenzmodell in Zahlen

Abstufungsbegriff	Zahl
Tiefgehend	4
Sehr gut	3
Gut	2
Gering	1
Keine	0

Tab. 34: Umgruppierung der Abstufungsbegriffe im Kompetenzmodell in Zahlen

Wenn also der Softwareentwickler unter den allgemeinen Kompetenzen bei Selbstvertrauen »gut« auswählt hat, bedeutet das als Zahl dargestellt die 3. Hat der Softwareentwickler unter den fachlichen Kompetenzen bei technischem Verständnis »sehr gut« auswählt, bedeutet das als Zahl dargestellt die 4.

Sie können die Auswertung in einem weiteren Reiter in Excel oder einer neuen Datei vornehmen. Schreiben Sie hierzu die einzelnen Untergruppen der Kompetenzen untereinander und fügen Sie rechts davon zwei weitere Spalten ein. Die eine Spalte nennen Sie dann »Eigen IST«, diese steht für die Einschätzung des Mitarbeiters. Die zweite, rechte Spalte benennen Sie »Leitung IST«, hier wird die Einschätzung der Führungskraft erfasst.

Um jedoch aussagekräftig zu sein, müssen wir noch einen weiteren Wert aufnehmen: den Wert, den ich »Stellen-Ziel« genannt habe. Hierzu spielt – wie bereits in Abschnitt 4.4.2 beschrieben –

die Kompetenzanforderung der jeweiligen Stelle eine große Rolle. Sie haben die Kompetenzanforderung für jede Rolle im Karrieremodell mit der entsprechenden Führungskraft bzw. den Führungskräften durchgeführt und festgelegt. Jetzt geht es darum, auch hier Werte zu hinterlegen. Wenn Sie beispielsweise unter allgemeine Kompetenzen das Selbstvertrauen für die jeweilige Rolle ausgewählt haben, bedeutet dies nicht automatisch, dass das Selbstvertrauen des Mitarbeiters bei dem höchsten Wert, also hier bei »sehr gut«, liegen muss. Wie bereits mehrfach erwähnt, liegen hier genau die Unternehmensziele zugrunde. Daher müssen Sie mit den Führungskräften konkret festlegen, welche Abstufung bzw. welchen Wert Sie je Kompetenzunterpunkt festlegen. Um dies nochmals deutlicher für Sie darzustellen, zeige ich Ihnen eine beispielhafte Auswertung in Abbildung 29.

	Stellen-Ziel	Leitung-Ist	Eigen-Ist
Selbstvertrauen	3	4	3
Wertschätzung	3	3	3
Eigenverantwortung	2	3	4
Selbstdisziplin	2	3	2
Hilfsbereitschaft	3	3	3
Kompromissfähigkeit	3	2	2
Kritikfähigkeit	3	1	3
Teamfähigkeit	3	3	3
Konfliktfähigkeit	3	2	1
Kommunikationsfähigkeit	2	2	3
Fleiß	3	4	3
Flexibilität	3	2	3
Engagement	3	3	3

Abb. 29: Beispiel für die Auswertung der Kompetenzen

Wie Sie sicherlich erkennen können, habe ich hier die Auswertung so einfach wie möglich gehalten, indem ich alle Unterpunkte der allgemeinen Kompetenzen ohne weitere Gliederung untereinander aufgelistet und ausgewertet habe. Die Auswertung erfolgt wie oben beschrieben über die Umgruppierung der Abstufungsbegriffe in die Zahlen sowie die vorherige Festlegung des »Stellen-Ziels« mit der Führungskraft. Die Auswertung der fachlichen und technischen Kompetenzen erfolgt auf die gleiche Art und Weise. Auch hier legen Sie vorher das »Stellen-Ziel« mit der Führungskraft fest. Sind alle Werte eingetragen, kann man in Excel ein sehr übersichtliches Netzdiagramm entwerfen. Mein Diagramm für das obige Beispiel sieht demnach so wie in Abbildung 30 aus.

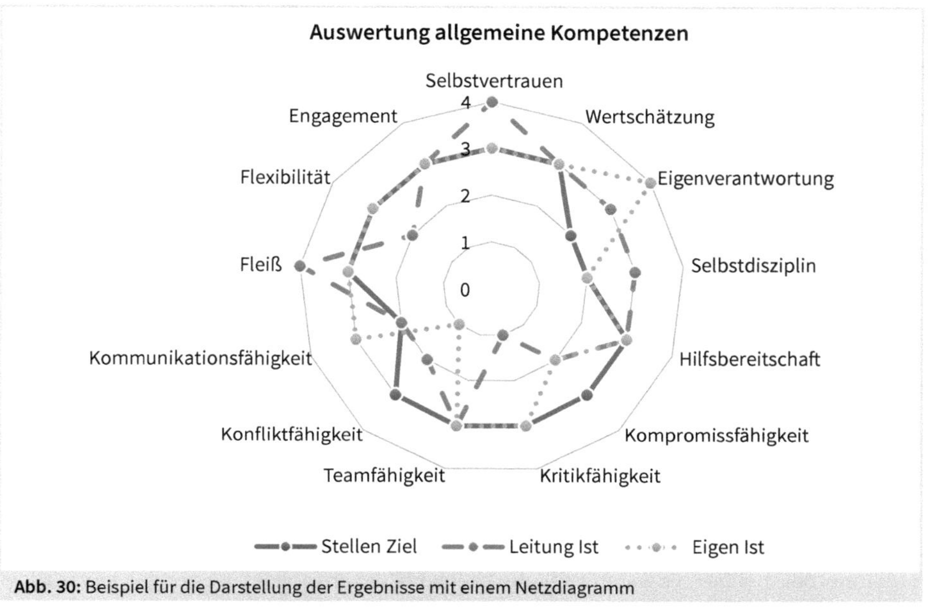

Abb. 30: Beispiel für die Darstellung der Ergebnisse mit einem Netzdiagramm

Diese Art der Auswertung zeigt Ihnen ziemlich genau, wie die Anforderungen an die Stelle definiert waren, wie der Mitarbeiter von der Führungskraft eingeschätzt worden ist und wie sich der Mitarbeiter selbst eingeschätzt hat. An diesem Beispiel kann man auch erkennen, dass der Mitarbeiter an seiner Kompromissfähigkeit und Konfliktfähigkeit arbeiten muss. Außerdem ist zu erkennen, dass die Führungskraft den Mitarbeiter fleißiger, selbstvertrauter und disziplinierter eingeschätzt hat als der Mitarbeiter sich selbst. Auch hier kann man sicherlich in einem Gespräch ansetzen und hinterfragen, weshalb sich der Mitarbeiter so bewertet hat. Sie sehen, dass man aus einer einfachen taballerischen Darstellung sehr viele Informationen herauslesen kann und zudem in der Lage ist, weitere Punkte für die berufliche Weiterentwicklung und Kompetenzen des Mitarbeiters abzuleiten. Man kann Kompetenzmodelle auch einfach und übersichtlich darstellen und muss nicht immer auf die sehr aufwendigen und komplizierten Methoden zurückgreifen. Diese mögen sich ggf. besser eignen, sind jedoch für die meisten unter uns nur sehr schwer zu verstehen und zu greifen.

All diesen Input können Sie nun übersichtlich für jede Rolle auf einem Excel-Sheet oder in Ihrer Personalmanagementsoftware darstellen. Bitte verwenden Sie für die Darstellung bzw. Abbildung keine unterschiedlichen Tools. Versuchen Sie, sowohl die Rollenbeschreibung als auch das Kompetenzmodell je Rolle auf einer Seite darzustellen.

Über Kompetenzmodelle lässt sich noch viel mehr ableiten und auch darstellen. Mein Streben in diesem Buch ist primär, Ihnen die Verbindung zwischen den unterschiedlichsten Elementen in der Personalentwicklung darzustellen und klar zu machen, dass alle Elemente miteinander verbunden werden können. Das Karrieremodell ist nun verknüpft mit den Jobtiteln, den Rollenbeschreibungen und dem Kompetenzmodell.

4.5 Das Entwerfen der individuellen Mitarbeitergesprächsbögen

Nachdem Sie die Verknüpfung der Elemente Jobtitel, Rollenbeschreibungen und Kompetenzmodell vollendet haben, fehlt nun noch das sogenannte i-Tüpfelchen: die Mitarbeitergesprächsbögen, die in der Regel für das anstehende Personalgespräch genutzt werden. In den meisten Unternehmen findet dieses Gespräch einmal im Jahr zwischen Mitarbeiter und Führungskraft statt.

Wenn in einem Unternehmen bereits ein unklares und intransparentes Karrieremodell vorhanden ist, können diese Gesprächsbögen sehr nervenaufreibend und kräftezehrend sein. Ich kann mich an Mitarbeitergesprächsbögen bei meinen Arbeitgebern gut erinnern und auch an das Gefühl, das ich zu diesen Zeitpunkten hatte. Am besten lässt sich dieses Gefühl mit ›Überforderung‹ beschreiben. Es waren zwar alle Themenfelder abgebildet, jedoch gab es vor allem im Bereich Kompetenzen sehr viel Text zu lesen und man sollte sich entsprechend der Beschreibung im Text selbst einordnen. Bei meinen Gesprächen habe ich immer wieder bemerkt, dass auch meine direkte Führungskraft mit dieser Art der Mitarbeitergesprächsbögen überfordert war. Dies führte dazu, dass man dann versuchte, diesen Bogen plausibel auszufüllen und der Personalabteilung zukommen zu lassen. Ich kann nicht behaupten, dass dieser überhaupt irgendwie nachverfolgt wurde. Daher habe ich mir auch immer wieder die Frage gestellt, warum wir Punkte definieren – wie z. B. »Weiterbildungen« – und diesem aber nicht mehr nachgegangen wurde. Selbstverständlich ist jeder Mitarbeiter für sich selbst verantwortlich, schön wäre es dennoch, wenn die Personalabteilung ein Auge darauf hätte und gerne auch bei dem Mitarbeiter nachfragen würde, ob hier bereits schon etwas geschehen sei oder man noch Unterstützung benötige.

Nun aber die gute Nachricht für Sie: Meiner Meinung nach stellt ein optimaler Gesprächsbogen die Verbindung aus allen Elementen der Personalentwicklung dar. Es bedarf keiner zusätzlichen Entwicklung des Gesprächsbogens, Sie haben diesen bereits durch die Erstellung der Rollenbeschreibung und des Kompetenzmodells je Rolle erstellt. Sie benötigen nur noch ein Tool oder Excel als Software, um dieses sauber abzubilden und den Mitarbeitern und Führungskräften entsprechend zur Verfügung zu stellen. Jeder Mitarbeitergesprächsbogen bildet somit automatisch den Jobtitel, die Beschreibung der Rolle und die geforderten Kompetenzen ab. Darüber hinaus sollte der Gesprächsbogen dann noch die Einschätzung der Führungskraft und des Mitarbeiters abfragen, in wieweit der Mitarbeiter die Elemente Jobtitel, Rolle und Kompetenzen erfüllt.

Um Ihnen dies genauer zu zeigen, habe ich Ihnen hier eine Abbildung erstellt. Dieses zeigt einen exemplarischen Auszug eines Mitarbeitergesprächsbogens (s. Abb. 31).

Personalgespräch für 2022
Mitarbeiter: Max Mustermann | **Jobtitel: Software Developer** | **Karrierepfad: Fachkarriere**
Unterpfad: Software Development | **Karrierelevel: 1**

Ziel der Position				
Fehlerfreie und zeitgemäße Auslieferung der Software nach den Vorgaben des Auftraggebers und dessen Implementierung				
Rollenbeschreibung				
- Erstellen von Lasten- und Pflichtheften - Umsetzung der Anforderungen in Python, C#, Java, C++,... - Support und Fehlerbehebung - Erstellung von Dokumentationen - Erstellen von Entwicklertests				
Fachliche Anforderungen				
- Erste Erfahrungen in den Programmiersprachen Java, C#, Python, C++... - Erste Erfahrungen in JavaScript, Eclipse/RCP, WebServer, Datenbanken (SQL) - Erfahrungen im Bereich Automotiv, Windenergie, Batteriemanagement, Telekommunikation von Vorteil				
Qualifizierungsvoraussetzungen				
- Abgeschlossenes Studium der Informatik, Elektrotechnik oder eine vergleichbare Qualifikation (z. B. Ausbildung zum Fachinformatiker Anwendungsentwicklung) - Sehr gute Deutsch- und gute Englischkenntnisse				

Erfüllung der Hauptaufgaben				
Wie gut wurden die Hauptaufgaben umgesetzt?				
Einschätzung Mitarbeiter				
Tiefgehend	Sehr gut	Gut	Gering	Keine
Einschätzung Führungskraft				
Sehr gut	Gut	Mittel	Gering	Keine
Bemerkungen				

Abb. 31: Auszug aus einem Mitarbeitergesprächsbogen

Fügen Sie hier unbedingt auch einen Platz für »sonstige Bemerkungen«, »weitere Schritte« und Weiter-/Fortbildungen oder ähnliche Möglichkeiten der freien Notizen ein. Diese Punkte sollten in einem Mitarbeitergespräch ebenfalls besprochen und dokumentiert werden.

Sie sehen, dass die Erstellung der individuellen Mitarbeitergesprächsbögen nun sehr einfach ist, wenn Sie die Punkte vorher beherzigt und so ausarbeitet haben.

4.6 Das Einordnen der Mitarbeiter in das Karrieremodell

Vielleicht haben Sie bereits ein Karrieremodell, welches Sie mit Hilfe dieses Buches neu entwickeln möchten oder Sie starten direkt mit der Entwicklung eines neuen Karrieremodells. Wie auch immer Ihre Ausgangslage sein mag, die Mitarbeiter im Unternehmen müssen in das neue Karrieremodell eingeordnet und auch darüber informiert und geschult werden.

Mehrfach schon habe ich Ihnen ans Herz gelegt, bereits frühzeitig mit der Kommunikation zu starten, um einer möglichen negativen Stimmung im Unternehmen entgegenzuwirken. Beherzigen Sie gerne nochmals die Tipps im Abschnitt 4.1.1.

Die Einordnung der Mitarbeiter in die jeweiligen Pfade, Unterpfade und Karrierelevel erfolgt erst dann, wenn das Karrieremodell mit den Jobtiteln, den Rollenbeschreibungen und dem Kompetenzmodell finalisiert ist. Sie und die jeweilige Führungskraft müssen einen ganzheitlichen Überblick über alle Jobtitel und die Bedeutung der Rollen haben.

Bitte bedenken Sie auch, dass mit der Einordnung der Mitarbeiter und der dazugehörigen Kommunikation das neue Karrieremodell offiziell im Unternehmen eingeführt wird und von nun an auch verwendet wird.

4.6.1 Den richtigen Zeitpunkt finden

Der richtige Zeitpunkt für die Einführung eines solchen Karrieremodells ist vermutlich für jedes Unternehmen unterschiedlich. Dennoch sollten Sie immer wieder Ihren Zeitplan in Ihrer Kommunikation erwähnen und damit auch das offizielle Datum der Einführung des neuen Karrieremodells fixieren. Basierend auf meiner Erfahrung kann ich Ihnen empfehlen, das neue Karrieremodell zum Zeitpunkt der jährlichen Mitarbeitergespräche einzuführen. Bei einigen Unternehmen kann das zu Beginn des neuen Jahres sein, andere machen das im Zeitraum zwischen den Monaten April und Juni, wieder andere bevorzugen die letzten drei Monate im Jahr. Diese Zeit der Mitarbeitergespräche wird meistens von Mitarbeiter und Führungskraft genutzt, um sich darauf vorzubereiten. Um den doppelten Aufwand für Führungskraft und Mitarbeiter im Unternehmen einzusparen, empfehle ich Ihnen daher, diesen Zeitpunkt auszuwählen.

Starten Sie mit der Einordnung der Mitarbeiter mit der jeweiligen Führungskraft. Sollten Sie kein Personalmanagementsystem benutzen, empfehle ich Ihnen, dieses in Excel vorzunehmen. Vermutlich besitzen Sie bereits eine Excel-Tabelle, in der alle Mitarbeiter mit allen nötigen Informationen, unter anderem dem aktuellen Jobtitel, erfasst sind. Fügen Sie hier insgesamt vier neue Spalten direkt neben dem alten Jobtitel ein. Diese Spalten benennen Sie wie folgt:

- neuer Jobtitel,
- Karrierepfad,

- Unterpfad,
- Karrierelevel.

Gehen Sie nun mit der jeweiligen Führungskraft Schritt für Schritt die einzelnen Mitarbeiter durch und erfassen die Veränderung wie oben beschrieben in Ihrer Excel-Tabelle.

4.6.2 Die persönliche Kommunikation an die Mitarbeiter

Sobald Sie mit dem jeweiligen Bereich bzw. der Abteilung und der Einordnung der Mitarbeiter in das neue Karrieremodell fertig sind, senden Sie einen Auszug dieser Liste per E-Mail an die Führungskraft. Die Führungskraft stellt nun wie gewohnt die Termine mit seinen Mitarbeitern für die jährlichen Mitarbeitergespräche ein. Die Mitarbeiter sollten unbedingt davor informiert werden, dass während dieses Gesprächs auch die Einordnung in das neue Karrieremodell intensiv besprochen wird. Dieses Mitarbeitergespräch könnte daher einen etwas größeren zeitlichen Rahmen einnehmen als gewohnt.

Während des Mitarbeitergesprächs erläutert die Führungskraft dem Mitarbeiter den neuen Jobtitel und erklärt diesen ggf. auch mit der dazugehörigen Rollenbeschreibung. Da Sie alle Unterlagen entweder in Ihrem Personalmanagementsystem oder in Microsoft Teams für alle Führungskräfte freigeschaltet haben, haben diese den Zugang zu allen möglichen Inhalten zum neuen Karrieremodell. Hier haben sie dann auch Zugang zu dem neuen Mitarbeitergesprächsbogen, der für den jeweiligen Mitarbeiter relevant ist. Nachdem die Führungskraft dem Mitarbeiter die neue Einordnung im Karrieremodell geschildert hat, startet man mit der Befüllung des Mitarbeitergesprächsbogens. Entweder macht man dies einmalig während des Mitarbeitergesprächs zusammen oder man zieht sich für eine Zeit zurück und jeder füllt diesen für sich aus. Voraussetzung ist selbstverständlich, dass der Mitarbeiter mit seinem neuen Jobtitel und der Rolle einverstanden ist. In der Regel stellt die Einordnung in das neue Karrieremodell für beide Seiten keine großen Herausforderungen dar. Letztendlich wurde der Jobtitel des Mitarbeiters angepasst und er hat eine Rollenbeschreibung erhalten. Bei einigen Mitarbeitern kann die Einordnung in das neue Karrierelevel zu Herausforderungen führen, da hier die Hintergründe der genauen fachlichen Tätigkeiten nicht immer gleich verstanden werden. Sollte ein Mitarbeiter nicht mit seinem neuen Jobtitel oder Karrierelevel einverstanden sein, so sollte die Führungskraft die Personalabteilung ins Boot holen, um eine Lösung für alle Parteien zu finden und die ›Fragezeichen aus den Köpfen‹ zu verbannen.

Die Auswertung des Mitarbeitergesprächsbogens, insbesondere der Bereich mit dem Kompetenzmodell, sollte möglichst sofort erfolgen, um hier ein übersichtliches Schaubild darzustellen. Hierfür müssten Sie das Formular in Excel entsprechend mit Formeln und dem Netzdiagramm vorbereiten. Das Netzdiagramm kann dann nach der Befüllung der Daten erstellt werden. Oder das Personalmanagementsystem wertet das Gespräch mit entsprechendem Schaubild ›auf Knopfdruck‹ aus.

Ist der Mitarbeiter mit allem einverstanden, teilt die Führungskraft diese Information mit der Personalabteilung.

Um dem Ganzen einen offiziellen Charakter zu verleihen, erhält der Mitarbeiter ein offizielles Schreiben von der Personalabteilung mit dem neuen Jobtitel, Karrierepfad, Unterpfad und Karrierelevel.

4.7 Die Erweiterung des Karrieremodells um den Trainingskatalog

Kennen Sie noch die dicken Kataloge der Warenhäuser mit der Fülle an Angeboten rund um Mode, Haus und Co.? Diese waren vor dem digitalen Zeitalter sehr beliebt, in ihnen konnte man nämlich stöbern und durch die ansprechenden Bilder darin auch eine Vorstellung vom Kleid oder Esstisch erhalten. Vermutlich stammt der Begriff »Trainingskatalog« auch noch von dieser Zeit ab. Viele Anbieter von Weiterbildungen und Trainings haben solche Kataloge erstellt und an die Interessenten verteilt. Hier konnte man dann eben nach geeigneten Trainings suchen und die passende Beschreibung dazu auch gleich lesen.

Heutzutage sind die meisten Trainingskataloge digitalisiert und demnach online verfügbar.

Neben den Dienstleistern für Weiterbildung und Training haben auch viele Unternehmen ihre eigenen Trainingskataloge für die Mitarbeiter und Führungskräfte erstellt und damit eine entsprechende Auswahl an Weiterbildungen zur Verfügung gestellt. Die Angebote für Weiterbildung sowie Trainings waren auf die im Unternehmen anliegenden entsprechenden Themen fokussiert und demnach auf die verschiedenen externen Dienstleister, die diese jeweils im Portfolio haben. Daher kommt es vor, dass es in Unternehmen mehrere externe Dienstleister gibt, die je nach Themenfeld für die diversen Weiterbildungsangebote aufgelistet sind. Aber immer mehr gewinnen auch die internen Trainingsangebote an Bedeutung. Diese werden in der Regel durch die eigenen Kollegen durchgeführt, die im jeweiligen Themenfeld eine Spezialisierung aufweisen. Das stärkt nicht nur das interne Marketing, sondern auch die Mitarbeiterbindung, denn diese Mitarbeiter erhalten den Freiraum, um Ihre Expertise zu teilen, und genießen dadurch einiges an Wertschätzung.

Optimaler Weise deckt ein Trainingskatalog die Weiterbildungs- und Trainingswünsche der Mitarbeiter ab und dient dazu, mit dieser Hilfe auch die Unternehmensziele zu erreichen. Um einen maßgeschneiderten Trainingskatalog für das Unternehmen zu entwerfen, müssen Sie daher genau wissen, worin der Bedarf an Weiterbildung und Training besteht. Welche Themenfelder sind wichtig für Ihr Unternehmen und die Weiterentwicklung Ihrer Mitarbeiter und Führungskräfte? Oftmals liegt genau hier die Herausforderung der Unternehmen. Der Trainingskatalog wird als separates Element in der Personalentwicklung behandelt und dadurch nicht in das Karrieremodell integriert. Durch zusätzlich fehlende Rollenbeschreibungen und ein fehlendes

Kompetenzmodell herrscht oftmals kein Überblick darüber, welche Rollen bzw. Kompetenzen sich im Unternehmen befinden und wie diese bestmöglich weiter- und ausgebildet werden können.

Das Karrieremodell wird Ihnen hier eine große Unterstützung bieten und Ihnen dabei helfen, einen optimalen Trainingskatalog zu entwerfen. Nutzen Sie die bereits vorhandenen zusätzlichen Elemente wie die Rollenbeschreibungen und das Kompetenzmodell als eine Art Navigation und lassen Sie sich durch sie begleiten.

Für die Entwicklung der meisten Elemente in diesem Buch, benötigen Sie immer wieder den Input von Ihren Stakeholdern, Führungskräften und Mitarbeitern. Die Entwicklung eines Karrieremodells bzw. die Personalentwicklung betrifft nicht nur einen kleinen Teilbereich im Unternehmen, sondern muss als etwas Übergreifendes und Ganzheitliches angesehen werden. Bei der Entwicklung des Trainingskatalogs sind Sie auch wieder auf Input insbesondere von Führungskräften und Mitarbeitern angewiesen; deren Einbeziehung ist daher essenziell.

Die Entwicklung des Trainingskatalogs für Ihr Unternehmen ist sehr individuell. Sie erhalten in diesem Abschnitt von mir einige Tipps, Tricks und Empfehlungen hierzu, die Sie bei der Entwicklung unterstützen sollen. Letztendlich liegt die exakte Entwicklung jedoch in Ihren Händen und denen des Unternehmens. Orientieren Sie sich gerne an diesen Punkten und denken Sie dabei immer an die Verknüpfung zum restlichen Karrieremodell, verlieren Sie jedoch den eigentlichen Bedarf im Unternehmen und bei den Mitarbeitern nicht aus den Augen.

Für die Entwicklung des Trainingskatalogs gibt es Kategorien, die Sie beachten sollten. Konkret sind dies:

Kategorien für den Trainingskatalog

- *Pflichtschulungen:* Das sind Weiterbildungsmaßnahmen, Trainings oder Schulungen, die für das jeweilige Karrierelevel bzw. den Mitarbeiter notwendig sind, um entweder die gewünschte Qualifikation zu erhalten oder dafür zu sorgen, dass der Mitarbeiter bestimmte Unterweisungen im Unternehmen erhält (z. B. sind das Schulungen zu Themen wie Datenschutz, Geldwäschegesetz etc.).
- *Freiwillige Schulungen:* Hier ist die Rede von Weiterbildungsmaßnahmen, Trainings oder Schulungen, die für das jeweilige Karrierelevel bzw. den Mitarbeiter zusätzlich zur Verfügung stehen, um ggf. fachliche oder persönliche Skills weiter auszubauen und zu intensivieren. Die Teilnahme an diesen freiwilligen Schulungen obliegt dem Mitarbeiter und seiner Motivation, sich hier weiterzuentwickeln oder seine Skills zu intensivieren.
- *Individuelle Schulungen:* Beschreibt die Möglichkeit, dem einzelnen Mitarbeiter entsprechend seinem Kompetenzmodell individuelle Weiterbildungen, Trainings und Schulungen anzubieten. Dies kann fachlicher oder persönlicher Natur sein. Wenn ein Mitarbeiter beispielsweise Unterstützung bei der Ausbildung seiner Konfliktfähigkeit benötigt, kann man ihm diese mit einer eigens für ihn ausgesuchten Schulung oder einem individuellen Training anbieten.

Um festzustellen, welche Pflichtschulungen und ggf. auch freiwilligen Schulungen für die jeweilige Rolle von Relevanz sind, sollten Sie sich ausreichend Input von Führungskräften und Mitarbeitern einholen.

Bei der Gestaltung der Rollenbeschreibungen und dem Kompetenzmodell habe ich Ihnen empfohlen, mit einem Formular (Microsoft Forms) auf die entsprechenden Führungskräfte zuzugehen und sich den Input entsprechend abzuholen. Das Formular können Sie auch direkt um weitere Punkte erweitern und so die Rückmeldung zu Ihrem Trainingskatalog je Rolle erhalten. Ich würde Ihnen empfehlen, dass Sie hier ggf. mit Freitextfeldern arbeiten und den Führungskräften in diesem Formular unter der Überschrift »Input zur Erstellung des Trainingskatalogs« folgende Frage stellen: Welche Pflichtschulungen und freiwilligen Schulungen sind für diese Rolle und dieses Karrierelevel relevant? Bitte denken Sie auch hier daran, die Führungskräfte vorher zu schulen und die Begriffe »Pflichtschulung« und »freiwillige Schulung« entsprechend zu definieren.

Sammeln Sie das Feedback der Führungskräfte wie bei den Rollenbeschreibungen und dem Kompetenzmodell möglichst auf derselben Seite (damit es übersichtlich bleibt) und sprechen dieses aber unbedingt noch mit den Mitarbeitern ab. Es ist sicherlich ausreichend, wenn Sie auf ausgewählte Mitarbeiter zugehen, die bereits diese Rolle ausfüllen. Ergänzen Sie anschließend das Feedback der Mitarbeiter zu den Weiterbildungen, Trainings und Schulungen je Rolle.

Das Sammeln dieser Informationen zu diesen Aspekten im Karrieremodell wird Sie einiges an Zeit kosten, planen Sie daher hier reichlich Zeit ein und holen Sie sich ggf. auch Unterstützung. Sobald Sie für sich eine Übersicht erstellt haben und klar ist, welche Pflichtschulungen und freiwilligen Schulungen benötigt werden, können Sie mit der Suche nach geeigneten externen Dienstleistern beginnen. Davor müssen Sie jedoch noch einen wichtigen Punkt klären: das für die Weiterbildungsmaßnahmen vom Unternehmen zur Verfügung gestellte Budget. In der Regel wird jährlich ein entsprechendes Budget dafür eingeplant. Holen Sie sich diese Informationen über das Management oder die richtige Instanz ab, um zu wissen, in welcher Größenordnung Sie sich bewegen können.

Es gibt große Dienstleister, die sicherlich einiges an Portfolio anbieten, jedoch auch kleinere Dienstleister, die sich in entsprechenden Themenfeldern spezialisiert haben. Suchen Sie in Ruhe die entsprechenden Dienstleister aus und beziehen auch hier gerne Führungskräfte und Mitarbeiter ein. Einige können sicherlich von ihren Erfahrung mit den einzelnen Dienstleistern aus vergangenen Jahren berichten, die Ihnen bei der Suche behilflich sein können. Sollten Sie mehrere Standorte in Deutschland oder Europa haben, achten Sie darauf, Dienstleister auszuwählen, die Weiterbildungen, Trainings und Schulungen überregional oder ggf. online anbieten. In manchen spezifischen Fällen kann es auch vorkommen, dass die Mitarbeiter zur Trainingsstätte anreisen müssen. Kalkulieren Sie diesen Punkt unbedingt ein, damit die Reisekosten nicht zu einer großen Überraschung werden. In Zeiten der Corona-Pandemie haben viele Dienstleister Ihre Angebote von Präsenz- auf Online-Termine umgestellt. Diese Lösung führt dazu, dass die Trainings weiterhin stattfinden können, jedoch finde ich im Falle umfangreicherer Maßnahmen zwei oder mehr Tage Online-Training sehr anstrengend und bin mir nicht sicher, ob diese wirklich so effektiv sind.

Über LinkedIn Learning, eine E-Learning-Plattform, hatte ich Ihnen bereits berichtet. Eine, wie ich persönlich finde, sehr gute Lösung ist, eine solche E-Learning-Plattform für Mitarbeiter anzubieten. Sie werden daneben immer wieder auf Vor-Ort-Trainings oder spezielle Weiterbildungen zurückgreifen müssen, jedoch kann Ihnen eine E-Learning-Plattform auch einiges an Inhalten und auch den administrativen Aufwand abnehmen. Diese Plattform können Sie auch zusätzlich als Benefit für Ihre Mitarbeiter anbieten, sie ermöglicht nämlich die Weiterbildung im eigenen Tempo. Die Videos in diesen E-Learning-Plattformen sind nicht nur sehr hochwertig und professionell gestaltet, man kann diese auch jederzeit von überall anschauen und sich so weiterbilden. Sie bieten vor allem für die jüngere Zielgruppe die gewünschte Flexibilität an. Auf LinkedIn Learning haben Sie die Möglichkeit, die gewünschten Weiterbildungen und Trainings den jeweiligen Mitarbeitern oder Mitarbeitergruppen entsprechend ihrem Karrieremodell zuzuweisen und diese auch nachzuverfolgen. Darüber hinaus besteht die Möglichkeit, eigene Inhalte für die eigenen Mitarbeiter hochzuladen und zur Verfügung zu stellen.

Die Entscheidung über die Beauftragung geeigneter Dienstleister oder auch über die Anschaffung einer E-Learning-Plattform liegt bei Ihnen und dem Unternehmen. Bitte handeln Sie hier entsprechend den Vorgaben, zeigen jedoch den Verantwortlichen die Möglichkeiten auf dem Markt auf. Wichtig ist, dass Sie den Trainingskatalog jeder Rolle anpassen und das Karrieremodell auch hier als Grundlage verwenden.

4.7.1 Inspiration für interne Schulungen und Wissensmanagement

Eine Ergänzung zu externen Weiterbildungen, Trainings und Schulungen sind die Angebote, die aus dem Unternehmen kommen. Diese führen in der Regel Mitarbeiter durch, die eine entsprechende Fähigkeit oder Kompetenz besitzen und Freude daran finden, ihr Wissen weiterzugeben.

Mitarbeiter aus allen Bereichen des Unternehmens können hier eingebunden werden, in dem man ihnen den Raum und die Zeit gibt, um gewisse Weiterbildungsmöglichkeiten direkt für die eigenen Kollegen anzubieten. Hierfür geeignet sind nicht nur Mitarbeiter aus den höheren Karrierelevel, auch wenn der Erfahrungsschatz hier sicherlich am größten ist. Es kommt immer auf die jeweilige Kompetenz, die Fähigkeit oder die Spezialisierung des Mitarbeiters an. Ich möchte Ihnen hier einige Inspirationen und Beispiele geben, die Sie gerne aufgreifen können, um interne Weiterbildungen, Trainings und Schulungen zu gestalten:

- Vorträge oder Webinare zu neuen innovativen Themen wie z. B. »Künstliche Intelligenz« , »Internet of Things« oder »Augmented Reality«,
- Schulungen zum Thema Projektmanagement (beispielsweise Scrum, Prince 2),

- Schulungen und Trainings für das Führen von guten und gehaltvollen Vorstellungsgespräche sowie Interviewstrategien,
- Schulungen zu Tools und Software, die intern benutzt werden oder beispielsweise Themen wie »der richtige Umgang mit Microsoft Office«,
- Trainings in Bezug auf das richtige Zeitmanagement, Präsentationsfähigkeit, Rhetorik etc.,
- Schulungen zu den Unternehmenswerten, dem Leitbild und den Unternehmenszielen.

Darüber hinaus ist es sinnvoll, sich Gedanken zum Thema Wissensmanagement zu machen. Konkret geht es hier darum, das vorhandene Wissen der Mitarbeiter im Unternehmen zu behalten, auch wenn diese Mitarbeiter irgendwann ausscheiden sollten. Es gibt hierzu sicherlich auch unterschiedlichste Tools und Möglichkeiten. Ich empfehle Ihnen, dass Sie sich nach der finalen Gestaltung des Trainingskatalogs auch mit diesem Thema auseinandersetzen und eine unternehmensweite Lösung entwickeln. Sicherlich wird man nicht das vorhandene Wissen zu hundert Prozent im Unternehmen halten können, jedoch sollte man zumindest einen Großteil davon aufrechterhalten können. Eine gute Möglichkeit ist hier – neben der entsprechenden Dokumentation – die Weitergabe des Wissens an andere, weniger erfahrene Kollegen. Eine funktionierende Personalentwicklung sollte unter anderem auch das Ziel haben, sich auf die Ausbildung der Nachwuchskräfte zu konzentrieren. Damit steht nicht nur das Angebot an entsprechenden Ausbildungsstellen im Fokus, sondern auch die Ausbildung der Berufseinsteiger, die direkt nach der Ausbildung oder dem Studium in Ihrem Unternehmen starten. Sie könnten eine Art Mentoren- oder Patenprogramm ins Leben rufen, bei dem die erfahrenen Mitarbeiter ihr Wissen mit einem oder mehreren unerfahrenen Mitarbeitern teilen und diese durch den Berufsalltag begleiten.

Versuchen Sie, das vorhandene Wissen möglichst im Unternehmen zu behalten, um Prozessabläufe nicht zu stören und weiterhin die gewohnte Qualität bieten zu können. Der Wissensverlust in einem Unternehmen kann sich auch im Umsatz bemerkbar machen und sollte daher entsprechende Aufmerksamkeit genießen.

4.7.2 Zeit und Raum für die notwendigen Weiterbildungen der Mitarbeiter einräumen

Viele Mitarbeiter und Führungskräfte sind im Berufsalltag sehr eingespannt in Projekte oder zu bewältigende Deadlines. Die Möglichkeit, sich hier die Zeit zu nehmen, um eine Weiterbildung oder ein Training zu absolvieren, ergibt sich leider nicht bei allen. Immer wieder werde ich auch gefragt, wann man denn für eine Weiterbildung und ein Training die Zeit aufbringen solle. Der beste Trainingskatalog hilft Ihnen nichts, wenn er nicht angenommen und ausgelebt wird.

Dieses Thema hat mir keine Ruhe gelassen und ich war überzeugt, diesem auf den Grund gehen zu müssen. Ich habe festgestellt, dass es auch hier häufig an der Kommunikation in Verbindung mit nicht sauber aufbereiteten Richtlinien gemangelt hat. Sicherlich ist es für eine Führungskraft ärgerlich, wenn er auf Mitarbeiter verzichten muss, da diese gerade erkrankt sind oder sich auf einer Weiterbildung befinden. Ich denke jedoch, dass man dies mit wenigen Regeln und einer guten Kommunikation im Unternehmen relativ gut in den Griff bekommen kann. Insbesondere die Führungskräfte, die für die Auslastung in ihren Bereichen oder Teams zuständig sind, benötigen Werkzeuge von Ihnen, mit denen Sie die Weiterbildung ihrer Mitarbeiter innerhalb der Arbeitszeit gewährleisten können.

Folgende Empfehlungen für die Regeln zur Teilnahme an Weiterbildungen, Trainings und Schulungen und die dazugehörige Kommunikation im Unternehmen möchte ich Ihnen geben:

- Weiterbildungen, Trainings oder Schulungen sollten generell durch einen einfachen Genehmigungsprozess laufen. Hierzu kann der Mitarbeiter über ein entsprechendes Prozesssystem oder formlos per Mail um die Erlaubnis zur Teilnahme bitten. Dieser Punkt ist auch wichtig in Bezug auf die Weiterbildungskosten und sollte entsprechend auch von der Führungskraft freigegeben werden. In diesen Freigabeprozess sollte die jeweilige Stelle in der Personalabteilung bzw. -entwicklung ebenfalls eingebunden werden. In der Regel erfolgt die Anmeldung des Mitarbeiters über die Personalabteilung bei dem jeweiligen Dienstleister. Die Führungskraft ist hier außerdem in der Lage, seine Auslastung im Team entsprechend zu planen.
- Sollten Sie eine E-Learning-Plattform eingeführt haben, bei der jeder Mitarbeiter seinen eigenen Zugang erhält und jederzeit seine Lernvideos anschauen kann, empfehle ich auch hier einen entsprechenden Prozess. Es gibt unterschiedlich lange Videos bzw. Kurse auf den E-Learning-Plattformen. Der Mitarbeiter sollte definitiv mit der Führungskraft absprechen, wann er vorhat, diese Plattform zu nutzen, und vor allem wie lange das Trainingsvideo dauert. Man könnte hier eine Regel vereinbaren, dass z. B. bis zu zwei Stunden in der Woche ohne große Absprache erfolgen können, darüber hinaus jedoch eine Freigabe erforderlich ist.

Sprechen Sie auch mit dem Management und den Stakeholdern dieses Thema durch und erstellen ggf. eine einfache Richtlinie dazu. Kommunizieren Sie diese »Regeln« an alle Mitarbeiter und Führungskräfte und stellen Sie ganz klar dar, dass dies nicht der Überwachung oder dergleichen dient, sondern lediglich zur Sorge dafür, dass jeder Mitarbeiter die Möglichkeit erhält, seine gewünschten Trainings und Weiterbildungen durchzuführen, und den entsprechenden Raum dafür auch bekommt, ohne ein schlechtes Gewissen haben zu müssen.

4.7.3 Nachverfolgung der geleisteten Weiterbildungen, Trainings und Schulungen

Insbesondere die Teilnahme an den Pflichtschulungen sollte von einer Instanz im Unternehmen nachverfolgt und dokumentiert werden. Diese Instanz ist meistens die Personalabteilung oder die Personalentwicklung.

Auf diesen Punkt möchte ich nochmals explizit hinweisen, da man den zeitlichen Aufwand für die Nachverfolgung der Pflichtschulungen ggf. unterschätzen kann und Sie hier auch für die Zukunft entsprechende Kapazitäten aufbauen sollten. Heutzutage können Sie hier Unterstützung von intelligenten Programmen erhalten oder Ihr Personalmanagementsystem nimmt Ihnen diese Aufgabe teilweise ab, nichtdestotrotz bedarf es immer wieder manueller Eingriffe.

Die Nachverfolgung der geleisteten Weiterbildungen, Trainings und Schulungen der Mitarbeiter ist ein wichtiges Thema, von der Sie auch eine Personalentwicklungsstrategie ableiten können. Sie sollte zu keinem Zeitpunkt der Überwachung der Mitarbeiter dienen!

Werten Sie in regelmäßigen Zeitabschnitten die noch offenen Pflichtschulungen aller Mitarbeiter aus. Je nach Unternehmensgröße kann dies auch zu einer größeren Aufgabe mutieren. Suchen Sie bei der Auswertung ggf. auch nach Mustern, die auffällig sind. Beispielsweise könnte es in einem Bereich vergleichbar viele Mitarbeiter geben, die ihre Pflichtschulungen vernachlässigt haben. Hier könnten verschiedene Gründe eine Rolle spielen. Es könnte an einer zu hohen Auslastung zu der jeweiligen Zeit liegen oder ggf. aber auch an der Führungskraft. Identifizieren Sie diese Ausreißer und besprechen es mit den jeweiligen Führungskräften oder dem Management. Bieten Sie hier Unterstützung an und überprüfen auch nochmals die Kommunikation an die Mitarbeiter. Geben Sie zu jederzeit den Führungskräften und Mitarbeitern das Gefühl, Interesse für diese Themen, insbesondere für die Durchführung der Schulungen, zu haben, und zeigen Sie sich aktiv. Das zeigt den Mitarbeitern und Führungskräften, dass sie nicht allein sind und sich durchaus jemand Gedanken um deren Weiterentwicklung macht.

Die Auswertung dieser Daten ist zudem ggf. für das nächste Mitarbeitergespräch von Relevanz, wenn es um die Weiterentwicklung des Mitarbeiters geht.

4.7.4 Stetige Qualitätsüberprüfung der angebotenen Weiterbildungen und Schulungen

Der Trainingskatalog ist vermutlich eines der Elemente in der Personalentwicklung, die sich am häufigsten, aber auch am schnellsten verändern können. Daher benötigt der Trainingskatalog auch immer wieder eine Extraportion an Aufmerksamkeit.

Um die Qualität der angebotenen internen sowie externen Weiterbildungen, Trainings und Schulungen stetig zu gewährleisten, empfehle ich Ihnen, jedem Mitarbeiter nach erfolgter Teilnahme einen kurzen Feedbackbogen zu senden.

Dieser Feedbackbogen soll sich dann ausschließlich mit der Qualität der angebotenen Inhalte, Unterlagen und dem durchführenden Trainer befassen. Die Teilnahme der Mitarbeiter an dieser Befragung sollte auf freiwilliger Basis erfolgen, jedoch sollte man die Mitarbeiter für dieses Thema sensibilisieren. Nur wenn man ein offenes und ehrliches Feedback bekommt, kann man die angebotenen Weiterbildungen, Trainings und Schulungen optimieren bzw. den Dienstleister anpassen.

Erstellen Sie gerne selber einen Feedbackbogen, den Sie dann anschließend in digitaler Form mit der Bitte um Rückmeldung an die Mitarbeiter versenden. Mögliche Fragen könnten die Folgenden sein:

- Wie gut war der Kursaufbau? Entsprach er den Erwartungen?
- Wie gut waren die Themen gewählt? Wie gut war der Themenumfang?
- Wie gut waren die Qualität und der Umfang der zur Verfügung gestellten Kursunterlagen?
- Wie waren die fachlichen Kompetenzen des Trainers?
- Wie gut empfanden Sie die Organisation (Räumlichkeiten, Administration etc.)?
- Ist der Kurs empfehlenswert?

Bitte ergänzen Sie je nach Wunsch den Bogen um weitere Fragen. Hier können Sie auch als Antwortmöglichkeiten mit der Ordinalskala arbeiten und eine Art Schulbenotung einführen. Die 1 würde dann für »sehr gut« stehen und die 5 für »mangelhaft«. Diese Skala wird Ihnen dann bei der späteren Auswertung helfen.

Sollten Sie negative Rückmeldungen zu einem der Weiterbildungsmöglichkeiten bzw. Dienstleister oder Trainer bekommen, sollten Sie hier zeitnah aktiv werden und sich diesbezüglich nähere Informationen besorgen und die Rückmeldungen ggf. auch hinterfragen.

Das Thema Trainingsmodell ist sicherlich noch ein Stückchen umfangreicher, als in diesem Abschnitt für Sie beschrieben. Mir war es jedoch primär wichtig, Ihnen die Verbindung zu dem Karrieremodell und den restlichen Elementen wie Rollenbeschreibung und Kompetenzmodell aufzuzeigen, und ich hoffe, dass mir dies gelungen ist. Denken Sie an einen stetigen Kreislauf, der ohne eines seiner Elemente nicht funktionieren kann. Sie haben nun ein weiteres großes Element dem Kreislauf hinzugefügt und Ihren Trainingskatalog ausgearbeitet. Bleiben Sie stets am Ball und lassen alle im Alltag an diesem wundervollen Werk teilhaben.

5 Die Integration und Verwendung des Karrieremodells im Alltag

Sie haben es geschafft und ein neues, innovatives und anpassungsfähiges Karrieremodell erstellt. Herzlichen Glückwunsch hierzu! Es war ein großes Stück Arbeit und Zeit, welches Sie und ggf. Ihr Team investiert haben. Glauben Sie mir, die Arbeit und die Zeit haben sich definitiv gelohnt.

Nun liegt es an Ihnen und dem Unternehmen, dieses Karrieremodell mit all seinen Elementen stets gepflegt und damit am Leben zu halten. Sie werden nahezu täglich einzelne Bereiche aus dem Karrieremodell verwenden und immer wieder froh darüber sein, dieses entwickelt zu haben. Halten Sie dieses Thema stets präsent im Unternehmen und erinnern Sie Ihre Mitarbeiter und Führungskräfte immer wieder daran, die Vorteile aus dem Karrieremodell zu ziehen.

Um Ihnen etwas mehr Inspiration über die Verwendungsfelder und die fortlaufende Integration des Karrieremodells mit all seinen Elementen zu geben, möchte ich Ihnen in diesem Kapitel hauptsächlich Inspirationen für die Verwendung des Karrieremodells im Alltag geben.

Lesen Sie in diesem Kapitel, wie Ihr neu geschaffenes Karrieremodell ab sofort in der Personalbedarfsplanung eine große Stütze sein kann. Nutzen Sie das Karrieremodell, um Ihr Marketing wieder in Schwung zu bringen und intern sowie extern Werbung für Ihr Karrieremodell und dessen Elemente zu machen. Über die aktive Nutzung der Jobtitel können Sie sich einige Tipps abholen und Ihre Personalauswahl optimieren. Setzen Sie die Kompetenzen der Mitarbeiter und Führungskräfte im Unternehmen optimal ein und nutzen Sie mögliche Synergieeffekte gewinnbringend aus. Arbeiten Sie bereits mit KPIs (für eine Erläuterung s. Abschn. 5.6)? In diesem Kapitel erhalten Sie auch nützliche Tipps und Informationen für die Erweiterung der KPIs und Auswertungen. All dies ist nun durch das neu erstellte Karrieremodell möglich und machbar.

Sicherlich fallen Ihnen noch weitere Beispiele ein, die Sie für sich ergänzen können. Nutzen Sie Ihr neues Karrieremodell aktiv, entwickeln Sie dieses stets weiter und passen es den Gegebenheiten im Unternehmen an.

5.1 Die Personalbedarfsplanung anhand des neuen Karrieremodells ableiten

Das Thema Personalbedarfsplanung ist ein sehr umfangreiches Thema. Sehr gerne möchte ich darauf jedoch auch in diesem kompakteren Rahmen eingehen, da dieses Thema immer wieder eine wichtige Rolle für das Unternehmen spielt. Sie können nun eine optimale Personalbedarfsplanung erstellen, da Sie ein transparentes und funktionierendes Karrieremodell mit all seinen Elementen geschaffen haben.

Die Personalbedarfsplanung umfasst sehr viele Facetten und beinhaltet viele Details aus dem Unternehmen. So handelt es sich bei der Personalbedarfsplanung um die optimale Planung des Personals und dessen Einsatz im Unternehmen. Neben der möglichen Fluktuation (wie Kündigungen) und natürlichen Austritten (wie das Erreichen des Rentenalters) spielt auch die Planung für den Neubedarf im Unternehmen eine wesentliche Rolle. Dementsprechend verbirgt sich in der Personalbedarfsplanung auch das Unternehmens- bzw. Wachstumsziel. In der Regel gibt das Management bekannt, wie stark es im jeweiligen Geschäftsjahr wachsen möchte. Dieses Ziel wird auf die jeweiligen Bereiche und Abteilungen umgelegt. Eine solche Vorgabe von Unternehmensseite wird auch »Top-down« genannt. Die Bereiche und Abteilungen melden aber auch über die jeweiligen Führungskräfte die nötigen Personalbedarfe (sog. Bottom-up). Die Aufgabe der Personalabteilung ist, mit dem Unternehmenscontrolling eine entsprechende Personalbedarfsplanung abzuleiten. Hierbei werden die Top-down-Angaben vom Management zusammen mit den Bottom-up-Angaben der Bereiche und Abteilungen betrachtet. Daraus leitet man je Bereich und Abteilung die Bedarfe ab. Das Controlling muss hierbei an Bord geholt werden, da das Budget für die Personalkosten natürlich mitkalkuliert werden muss.

Außerdem gibt die Personalbedarfsplanung auch Auskunft darüber, wo der Schwerpunkt bei der Suche von neuen Mitarbeitern liegt. Werden eher die Berufseinsteiger gesucht oder sind es doch die Spezialisten, die das Unternehmen benötigt, um weiterhin auf einem guten Gewinnkurs zu bleiben oder dahin zu kommen? Sie können also in der Detailplanung mit dem jeweiligen Bereich oder der Abteilung anhand des Karrieremodells exakt bestimmen, um welche Position es sich handelt. Sie schaffen dadurch höchste Transparenz und sorgen dafür, dass die Führungskräfte immer klar und vollständig informiert sind. Durch das ausgearbeitete Karrieremodell und dessen Elemente sind sie nämlich nun in der Lage, beratend tätig zu sein und die gewünschten Anforderungen optimal an das Recruiting zu übergeben.

Fachkräftemangel – gibt es das wirklich?

Nach der Personalbedarfsplanung macht man sich in der Regel Gedanken darüber, wo und wie man seine offenen Stellen besetzt.

Die Recruiting-›Maschinerie wird angeworfen‹ und man versucht auf allen Kanälen, diese Positionen schnellst- und bestmöglich zu besetzen. Jeder, der im Recruiting tätig ist oder war und mehrere Bereiche gleichzeitig betreut hat, kennt die Herausforderung, dass die Bereiche und Abteilungen die Kandidaten suchen, die exakt nach deren Vorstellungen auf diese Position passt. Leider existieren diese passgenauen Kandidaten nicht in großer Zahl auf dem Markt. Vor allem in der IT-Branche entsteht dadurch der Eindruck, dass ein außerordentlicher Fachkräftemangel herrscht. Ich möchte nicht verleugnen, dass es sicherlich in einigen Branchen es sehr schwierig ist, an gutes Personal zu gelangen. Jedoch muss ich ehrlicherweise auch gestehen, dass ich nicht an den so oft zitierten Fachkräftemangel glaube. Meiner Meinung nach wird dieser Begriff von den Unternehmen häufig verwendet, um sich dahinter zu verstecken. Immer wieder höre ich Aussagen wie: »Es herrscht ein Fachkräftemangel, daher können wir unsere Positionen nicht besetzen«. Ich bin mir durchaus bewusst, dass ich mich mit diesen Aussagen in sensible Gewässer wage und sicherlich nicht die Meinung vieler treffe. In meiner Laufbahn habe ich mehrere hundert Einstellungsprozesse begleitet und immer wieder erlebt, dass Anforderungen an Bewerber gerichtet wurden, die so nicht erfüllbar waren.

Beispiel

Beispielsweise suchte man nach einem Softwareentwickler mit dem Schwerpunkt Java. Das Recruiting hatte es geschafft, einige Kandidaten in der Fachabteilung vorzustellen, die einige Vorstellungsgespräche vereinbarte. Letztendlich wurde den Kandidaten abgesagt, weil diese entweder nicht ausreichende Kenntnisse über die geforderte Technologie beherrschten oder in der falschen Branche tätig waren. »Persönlich hätte dieser Kandidat sogar gepasst, aber er war leider bisher in keinem größeren Softwareprojekt tätig.« Solche und so ähnliche Gründe habe ich bereits häufig gehört. Umso mehr ärgert es mich dann, wenn man sich hinter dem Begriff »Fachkräftemangel« versteckt. Letztendlich bringen die Kandidaten hier eine gewisse Basis und eine passende Ausbildung mit. Es mag sein, dass die Kandidaten nicht exakt in den gewünschten Projekten oder Branchen gearbeitet haben, aber diese Kandidaten bringen dennoch ihre Erfahrungen mit. Weshalb kann man das Unternehmen nicht darauf ausrichten, diese Kandidaten entsprechend in ihrer Fachlichkeit auszubilden? Gesucht werden meist Kandidaten, die sofort einsatzbereit sind und dem Unternehmen in der Erfüllung der Ziele schnellstmöglich helfen können. Diese Art und Weise der Suche hat früher funktioniert; der Wandel in der Arbeitswelt und der Konkurrenzkampf sorgen nun dafür, dass dieses Verfahren nicht mehr zum Ziel führt. Heutzutage ist die Investition in die eigenen Mitarbeiter sehr wichtig, jedoch noch immer nicht bei allen Unternehmen ein angesehenes Mittel.

Als Vollblut-Recruiterin liegt mir dieses Thema besonders am Herzen, weshalb ich mich entschlossen habe, es auch in diesem Buch aufzunehmen. Mein Ziel ist es hier nicht, zu provozieren oder Diskussionen über dieses Thema anzustoßen. Ich möchte lediglich meine Erfahrungen mit Ihnen teilen und Sie dazu animieren, sich Gedanken über dieses Thema zu machen. Vielleicht erkennen Sie Ähnlichkeiten auch zum Vorgehen bei Ihnen im Unternehmen?

Nutzen Sie das Potenzial Ihres neuen Karriere- und Kompetenzmodells und versuchen Sie zusammen mit Ihren Bereichen und Abteilungen diesem »Fachkräftemangel« entgegenzuwirken. Überlegen Sie sich auch gerne Strategien für neue Mitarbeiter, die ggf. fachliche Defizite aufweisen, jedoch von den Kompetenzen und ihrer Persönlichkeit sehr gut in Ihr Unternehmen passen. Denken Sie immer daran, dass diese Kandidaten eine gewisse Basis aufgrund Ihrer Ausbildung oder Berufserfahrung mitbringen und die fachlichen Defizite ausgeglichen werden können, sofern die Kompetenzen und die Persönlichkeit passen. Vielleicht schaffen Sie es dadurch, ein Umdenken in Ihrem Unternehmen zu bewirken und so dank des Karriere- und Kompetenzmodells Ihr Recruiting zu revolutionieren.

5.2 Marketing aktivieren!

Marketing ist sicherlich auch ein Instrument, um schwer verständliche und komplexe Inhalte einfach und anschaulich darzustellen. Nutzen Sie daher die Kraft des Marketings und machen Sie aktiv Werbung für Ihr Karrieremodell.

In der Tat ist das Karrieremodell auf Anhieb nicht selbsterklärend und bedarf immer wieder einer genauen Anweisung. Überlegen Sie sich daher mit Ihrer Marketingabteilung ein Konzept, wie Sie das Karrieremodell auch optisch attraktiv darstellen können. Entwerfen Sie darüber hinaus gerne auch Flyer bzw. erstellen Videos mit Botschaften und Erklärungen.

Machen Sie Werbung für Ihre Zielgruppe und zeigen Sie auch auf Ihren Karriereseiten, wie toll Ihr Karrieremodell ist. Verzichten Sie hier jedoch auf komplizierte und schwer verständliche Inhalte. Die Botschaft sollte eindeutig sein: Jeder Mitarbeiter kann sich hier wirklich (!) weiterentwickeln. Für jeden Mitarbeiter gibt es den passenden Pfad und die individuelle Weiterentwicklungsmöglichkeit.

Internes Marketing spielt hier auch eine wesentliche Rolle, holen Sie Ihre Mitarbeiter immer wieder ab, indem Sie beispielsweise News im Intranet veröffentlichen, Webinare anbieten bzw. den Mitarbeitern und Führungskräften beratend zur Seite stehen. Halten Sie das Thema stets hoch und erstellen gerne auch mit Ihrer Marketingabteilung im Unternehmen ein entsprechendes Konzept dafür.

Zufriedene Mitarbeiter als Botschafter nutzen
Sie werden nach der Einführung des neuen Karrieremodells mit der Zeit ein gutes Gefühl dafür bekommen, welche Mitarbeiter sehr zufrieden sind. Ich habe immer wieder tolles Feedback erhalten und bin dann auf diese Mitarbeiter zugegangen, um aus Ihnen Botschafter im Unternehmen zu machen.

Sie können diese Mitarbeiter fragen, ob Sie Lust darauf haben, in ihren Bereichen oder Abteilungen immer wieder dieses Thema hochzuhalten. Es empfiehlt sich, diese Gruppe der Mitarbeiter bzw. Botschafter nochmals speziell zu trainieren und für das Karrieremodell mit all seinen Elementen intensiv zu schulen. Die Haupttätigkeit dieser Botschafter im Unternehmen soll dazu dienen, in deren Bereichen und Abteilungen mögliche Fragenzeichen aus den Köpfen der Kollegen zu bereinigen und das Thema aktuell zu halten.

Stimmen Sie sich in regelmäßigen Abständen mit diesen Botschaftern ab und sammeln Sie ggf. auch die Feedbacks, die aus den Bereiche und Abteilungen kommen. Entwickeln Sie mit Ihren Botschaftern entsprechende Lösungen und nutzen diese für die Implementierung in deren Bereichen und Abteilungen. Sie werden sehen, dass die Zusammenarbeit und die Aktivierung dieser Botschafter Sie sehr entlasten und unterstützen wird.

5.3 Jobtitel aktiv nutzen

Für die Entwicklung der Jobtitel haben Sie sehr viel Zeit investiert und dementsprechend auch viel recherchiert. Die Mitarbeiter und Führungskräfte sollten nun über Jobtitel verfügen, die Sie auch gerne auf ihren Visitenkarten und in ihren E-Mail-Signaturen verwenden.

Am schnellsten bringen Sie in Ihr neugeschaffenes Karrieremodell wieder Chaos, wenn Sie neue Jobtitel dazu nehmen, ohne diese im Karrieremodell abzubilden. Sie können das Karrieremodell stetig weiterentwickeln und immer wieder neue Jobtitel und Rollen aufnehmen sowie auch herausnehmen. Jedoch fangen Sie bitte nicht an, neue Jobtitel zu erschaffen, ohne diese im Karrieremodell abzubilden. Stellen Sie sich das Karrieremodell wie einen frisch aufgeräumten Vorratsschrank vor. Alle Lebensmittel sind säuberlich in beschriftete Behälter verpackt. Man findet auf Anhieb alles, was man benötigt, und verhindert sogar, dass Lebensmittel weggeworfen werden, da alles übersichtlich in diesem Schrank aufgeräumt und beschriftet ist. Es liegt nichts mehr gequetscht irgendwo dazwischen und ist frei zugänglich. Sie genießen eine ganze Zeit lang diesen aufgeräumten Vorratsschrank und fangen dann an, die Einkäufe nicht mehr richtig einzusortieren. Sie quetschen stattdessen wieder Verpackungen in den Schrank und füllen nicht mehr in die dazugehörigen Behälter um. Schnell entsteht wieder ein Chaos. Wenn Sie jedoch von vorneherein die Disziplin beibehalten, wird Ihr Vorratsschrank stets aufgeräumt und übersichtlich sein.

Sorgen Sie zudem dafür, dass die Jobtitel möglichst auch in den Stellenausschreibungen benutzt werden. Sie können immer mit Zusätzen oder Spezialisierungen arbeiten und so den Jobtitel entsprechend der Position verfeinern. Hierzu möchte ich Ihnen gerne einen Auszug aus der Stepstone Online-Eye-Tracking Studie zeigen. Hier wurde die Wahrnehmung einzelner Elemente einer Stellenanzeige durch z. B. Bewerber gemessen (s. Abb. 32).

Wahrnehmung einzelner Elemente einer Stellenanzeige durch Bewerber

	Student	Berufs-erfahrener	Durchschnitt Gesamt
Jobtitel	117	118	117
Aufgabe	114	118	116
Anforderungsprofil	112	110	111
Benefits	102	117	110
Gehaltsangabe	92	99	96
Logo	87	94	91
Bilder	85	84	85
Arbeitgeberauszeichnung	83	82	83

Abb. 32: Stepstone Online-Eye-Tracking Studie – Wahrnehmung einzelner Elemente (eigene Darstellung nach Daten von Stepstone)

Stepstone hat hierbei untersucht, worauf die Bewerber bzw. Interessenten bei einer Ausschreibung achten. Gemessen wurde dies entsprechend der Augenbewegungen der Probanden. Wie in Abbildung 32 deutlich zu erkennen ist, liegen die Jobtitel ganz oben und werden vom Auge als erstes erfasst bzw. gesucht. Die Jobtitel dienen hier als eine Art Orientierung und geben uns schnell die Information, ob wir uns für die jeweilige Stelle interessieren sollten oder nicht. Legen Sie daher immer ein besonderes Augenmerk auf die Jobtitel und halten Sie diese stets gepflegt auf dem aktuellsten Stand.

Nach der Einführung des Karrieremodells und damit auch den Jobtiteln wird es sicherlich nötig sein, die Jobtitel auf den Visitenkarten und den E-Mail-Signaturen anzupassen. Gehen Sie hier rechtzeitig auf die nötigen Instanzen zu und lassen dies entsprechend anpassen. Denken Sie in regelmäßigen Abständen daran, immer wieder diese Instanzen einzubeziehen und ihnen auch eine Information bei Änderungen der Jobtitel zukommen zu lassen.

5.4 Rollenbeschreibungen für Stellenausschreibungen nutzen

Sie haben für jeden Jobtitel und Position im Karrieremodell eine Rollenbeschreibung geschaffen. Diese Rollenbeschreibung ist sogar abgestimmt mit Mitarbeitern, die diese Position bereits ausfüllen, und den Führungskräften – eine optimale Voraussetzung für das Recruiting, um hier professionelle und passende Stellenausschreibungen zu generieren, denn in den Rollenbeschreibungen stehen nicht nur die Anforderungen, sondern auch die notwendigen Kompetenzen für die entsprechende Rolle.

Mit diesen Informationen können Sie nun spielerisch Ihre Stellenausschreibungen erstellen. Mir geht es hier nicht primär um das Wording in den Stellenausschreibungen, sondern die Verwendung der Informationen aus den Rollenbeschreibungen. Sie können Ihre Stellenausschreibungen ausschmücken, wie Sie möchten. Sie müssen sich jedoch nichts mehr aus den Fingern ziehen bzw. den Fachabteilungen »hinterher rennen«, um an Informationen zu gelangen.

Um Ihnen eine konkrete Inspiration zu geben, möchte ich Ihnen zunächst erneut die Rollenbeschreibung aus Abschnitt 4.3 ins Gedächtnis rufen (s. Abb. 33).

Den Jobtitel können Sie bei diesem Beispiel für Ihre Stellenausschreibung gerne so verwenden. Unter Softwareentwickler oder Software Developer wird verstanden, was Sie suchen, und dieser Jobtitel spiegelt auch den internen Jobtitel wieder. Sicherlich wird es Situationen geben, bei denen der interne Jobtitel aus unterschiedlichen Gründen nicht verwendet werden kann bzw. man Schlagworte für die Auffindbarkeit benötigt. Dieser Fall stellt aber in der Regel die Ausnahme dar, da Sie in Ihrer Recherche bei den Jobtiteln die passendsten Jobtitel ausgewählt haben. Letztendlich benutzen die Mitarbeiter und Führungskräfte ihre Jobtitel ja auch in den Signaturen.

Bei der Beschreibung der Aufgaben können Sie die Informationen unter dem Punkt »Rollenbeschreibung« verwenden. Die Rollenbeschreibung ist sehr kurz gehalten, Sie können diese

Rubrik selbstverständlich mit passenderen Sätzen aufwerten und für Interessenten ansprechender gestalten. Letztendlich finden Sie jedoch die gewünschten Informationen und können damit gut die Aufgaben der Position inhaltlich richtig beschreiben.

Jobtitel
Softwareentwickler – Software Developer
Ziel der Position
Fehlerfreie und zeitgemäße Auslieferung der Software nach den Vorgaben des Auftraggebers und dessen Implementierung
Rollenbeschreibung
- Erstellen von Lasten- und Pflichtheften - Umsetzung der Anforderungen in Python, C#, Java, C++,... - Support und Fehlerbehebung - Erstellung von Dokumentationen - Erstellen von Entwicklertests
Fachliche Anforderungen
- Erste Erfahrungen in den Programmiersprachen Java, C#, Python, C++... - Erste Erfahrungen in JavaScript, Eclipse/RCP, WebServer, Datenbanken (SQL) - Erfahrungen im Bereich Automotiv, Windenergie, Batteriemanagement, Telekommunikation von Vorteil
Qualifizierungsvoraussetzungen
- Abgeschlossenes Studium der Informatik, Elektrotechnik oder eine vergleichbare Qualifikation (z. B. Ausbildung zum Fachinformatiker Anwendungsentwicklung) - Sehr gute Deutsch- und gute Englischkenntnisse

Abb. 33: Beispiel für eine ausgefüllte Rollenbeschreibung

Um das gewünschte Bewerberprofil zu beschreiben, können Sie die Informationen unter den Punkten »Fachliche Anforderungen« und »Qualifizierungsvoraussetzungen« nutzen. Bedenken Sie hier, dass Sie das Wording insbesondere bei der Beschreibung der Anforderungen und deren Gewichtung einhalten. Beispielsweise steht in dieser Rollenbeschreibung, dass der Bewerber »Erste Erfahrung in den Programmiersprachen...« benötigt. Behalten Sie diese Abstufung der Anforderung, also »Erste Erfahrung«, unbedingt bei. Dadurch, dass Sie diese Anforderungen intern wie extern gleich halten, werden Sie sich in der Personalauswahl auch einfacher tun.

Erweitern Sie hier die Anforderungen an den Bewerber auch gerne über die Kompetenzen, die Sie auch bereits für jede Rolle erfasst haben. Ist für die entsprechende Rolle beispielsweise eine hohe Flexibilität gefordert, so können Sie dies auch in Ihrer Stellenausschreibung entsprechend einbauen.

Eine weitere Sache kann hier zudem problemlos genutzt werden: die Gehaltsbandbreiten. Ich hatte Ihnen bereits beschrieben, dass die Gehaltsbandbreiten immer mehr an Bedeutung gewinnen und teilweise auch für Stellenausschreibungen relevant sind, um besser von den Bewerbern gefunden zu werden. Sollten Sie als Unternehmen Ihre Gehaltsbandbreiten für die Stellenausschreibungen nutzen wollen, so können Sie dies ab sofort ganz bequem ohne viel Aufwand tun, denn die Gehaltsbandbreiten sind ja bereits in jeder Rollenbeschreibung etabliert.

Ein weiterer wichtiger Punkt ist die Kommunikation zwischen der Personalentwicklung und dem Recruiting, sollte es sich hier um unterschiedliche Bereiche bzw. Verantwortliche handeln. Es muss gewährleistet sein, dass auch die kleinsten Änderungen im Karrieremodell bzw. in den Rollenbeschreibungen dem Recruiting mitgeteilt werden, um Unstimmigkeiten zu verhindern. Am besten geeignet sind dafür Tools, die gemeinsam benutzt werden und die automatisch diese Informationen an die jeweiligen Verantwortlichen versenden, sobald eine entsprechende Veränderung vorgenommen worden ist.

Gehaltsbandbreiten optimal einsetzen und aktuell halten
In Abschnitt 3.10 habe ich Ihnen detailliert die Thematik der Gehaltsbandbreiten erläutert. Die Entscheidung der vollständigen oder teilweisen Veröffentlichung der Gehaltsbandbreiten hängt von der Unternehmenskultur und den damit verbundenen Entscheidungen ab.

Sollten Sie sich hier als Unternehmen für die transparente Abbildung der Gehaltsbandbreiten entscheiden, bedeutet das für Sie und auch insbesondere für die Personalabteilung, dass man sich hier stetig auf dem Laufenden hält und sich informiert. Denken Sie daran, dass die Abbildung der Gehaltsbandbreiten ja nicht nur intern für die eigenen Mitarbeiter entsprechend dem Karrierepfad und Karrierelevel genutzt wird, sondern auch für den Bewerbermarkt und damit die Benennung der Gehaltsbandbreiten in den Stellenausschreibungen und auf Jobportalen stattfindet.

Umso wichtiger ist es aus diesen Gründen, sich stetig zu informieren und einmal im Jahr alle Gehaltsbandbreiten zu aktualisieren und sowie diese entsprechend im Unternehmen zu kommunizieren. Ich kann Ihnen nur wärmstens empfehlen, dass Sie hierzu immer wieder nach geeigneten Fachartikeln im Internet Ausschau halten und sich unterschiedlichste Gehaltsreports näher anschauen. Die Gehaltsreports werden heutzutage von verschiedensten Jobportalen ausgegeben und können in der Regel frei heruntergeladen werden. Schauen Sie kritisch über diese Reports und hinterfragen Sie diese genau. Nehmen Sie nicht einfach kritiklos die Zahlen hin, die dort angepriesen werden. Jede Branche, jede Region, jedes Unternehmen ist anders gestrickt. Gehälter werden auf unterschiedlichste Weisen in Deutschland zusammengestellt, behalten Sie bitte auch dies immer im Hinterkopf. Nehmen Sie sich die Zeit, sich mit Manteltarifverträgen auseinanderzusetzen und hier etwas mehr Gefühl für diese Gehaltsbandbreiten zu bekommen. Zu guter Letzt sind die Gehaltsangaben von Ihren Bewerbern auch immer eine gute Quelle, um die Gehaltsbandbreiten auf dem Markt zu reflektieren.

Wie bereits beschrieben, gibt es für die Berechnung der Gehaltsbandbreiten keine wirkliche Formel. Ich habe meinen eigenen Weg gefunden, der das Unternehmen und mich auf die bestmögliche Weise im Dschungel der Gehälter unterstützt und dafür sorgt, stets den Durchblick zu behalten. Meine errechneten Gehaltsbandbreiten hatte ich Ihnen auch transparent abgebildet. Trotzdem denken Sie daran, diese stetig aktuell zu halten und dem Markt anzupassen.

5.5 Personalauswahl optimieren

Die Personalabteilung sollte nicht nur für die administrativen Aufgaben in einem Unternehmen zuständig sein und beispielsweise dafür sorgen, dass die Gehälter der Mitarbeiter rechtzeitig und korrekt ausbezahlt werden. Viel mehr sehe ich die Personalabteilung als eine beratende Instanz an. Sicherlich sind administrative Aufgaben auch vorhanden und wichtig in der Ausführung, jedoch sollten diese nicht Oberhand gewinnen.

Durch die Entwicklung des Karrieremodells haben Sie nun die Möglichkeit, Ihre Führungskräfte optimal in der Personalauswahl zu beraten. Dieses Thema ist sehr umfangreich und ebenso wichtig für jedes Unternehmen. Wir werden ständig von dem Wunsch geprägt, die richtigen und passenden Mitarbeiter für das Unternehmen zu finden, und werden hierbei aber von dem Gefühl begleitet, dass wir einen Fehler bei der Personalauswahl machen könnten und der ausgewählte Mitarbeiter doch nicht so gut ins Unternehmen passt. Daher gibt es bei vielen Unternehmen mittlerweile ganze Abteilungen, die sich genau mit diesem Thema beschäftigen und unter anderem mit Methoden wie der Eignungsdiagnostik versuchen, die richtigen Mitarbeiter zu identifizieren und einzustellen. Sie werden sicherlich nicht direkt in diese Themen nur anhand des Karrieremodells eintauchen können. Für die Eignungsdiagnostik benötigt man viel mehr Fachwissen und die entsprechende Aneignung.

Sie aber haben ja nun stets den Überblick über die bereits vorhandenen Mitarbeiter und deren Rollen im Unternehmen. Beispielsweise könnten Sie das Karrieremodell zur Hand nehmen und den Führungskräften grafisch aufzeigen, welche Rollen in deren Bereich oder Abteilung vorhanden sind.

Beispiel

Stellen Sie sich vor, Sie sprechen mit einer Führungskraft, die sich im Bereich der Softwareentwicklung befindet. Die Mitarbeiter der Führungskraft sind unter anderem in der Fachkarriere unter dem Unterpfad Software eingeordnet. Sie schauen sich die Rollen der einzelnen Mitarbeiter an und stellen fest, dass einige Mitarbeiter auf Level 1 und Level 3 sind. Jedoch befindet sich in diesem Bereich niemand auf Level 2. Die Führungskraft hat jedoch weiteren Personalbedarf und sucht einen Berufseinsteiger sowie einen Experten. Hier können Sie nun einhaken und der Führungskraft deutlich aufzeigen, dass sich die Suche nach einem neuen Mitarbeiter, für eine gute Balance in der Abteilung, auf Level 2 bewegen sollte – denn genau hier herrscht eine Lücke in dieser Abteilung.

Darüber hinaus können Sie weitere Analysen betreiben und beispielsweise die Kompetenzauswertungen aller Mitarbeiter in einem Bereich oder Abteilung herausziehen. Schauen Sie sich alle Kompetenzen der einzelnen Mitarbeiter je Level an und fügen diese zu einer großen Grafik zusammen. Anschließend werden Sie auf einen Blick erkennen, welche Kompetenzen ggf. sehr ausgereift sind und welche Kompetenzen allgemein in diesem Level und Pfad, in diesem Bereich oder der Abteilung nicht ausreichend ausgeprägt sind. Dementsprechend könnte dann die Suche nach neuen Mitarbeitern ggf. etwas verstärkt auf diese Kompetenzen eingehen. Merken Sie beispielsweise, dass die Kompetenz Flexibilität in dem Bereich oder der Abteilung nicht sehr ausgeprägt ist, können Sie bei der Auswahl neuer Bewerber verstärkter auf diese Kompetenz eingehen.

Sie haben nun sehr viele Möglichkeiten, mit dem neuen Karrieremodell die Personalauswahl zu optimieren. Nutzen Sie diese Gelegenheit und überlegen Sie sich ggf. auch andere Auswertungen, die Sie vornehmen können, um die Personalauswahl für das Unternehmen positiv zu beeinflussen.

5.5.1 Die Kompetenzen der bestehenden Mitarbeiter richtig und effektiv einsetzen

Wie bereits oben beschrieben, können Sie eine gesamte Kompetenzauswertung für die einzelnen Abteilungen, aber auch für das gesamte Unternehmen erstellen und daraus Ableitungen anstellen. Sie können sich beispielsweise anschauen, welche Kompetenzen verstärkt im gesamten Unternehmen bzw. in den einzelnen Bereichen und Abteilungen vorhanden sind. Welche Kompetenzen sind vielleicht nicht sehr ausgereift? Fehlen ggf. einige Kompetenzen komplett?

Immer wieder habe ich erlebt, dass nach dieser Art von Auswertungen auch erst deutlich geworden ist, dass man Mitarbeiter ggf. nicht optimal in einer Position eingesetzt hat. Um Ihnen das etwas deutlicher zu machen, möchte ich hier ein mit einem Beispiel arbeiten:

Beispiel

Einen Mitarbeiter mit sehr geringer Konfliktfähigkeit hat man in das Beschwerdemanagement gesetzt. Dieser Mitarbeiter kann sicherlich einen guten Job ausüben, jedoch wird dies vermutlich nicht von langer Dauer sein. In dieser Position ist der Mitarbeiter häufig Konflikten ausgesetzt. Bei solchen Mitarbeitern kann man dann schauen, ob es nicht Sinn macht diese ggf. entsprechend Ihren Stärken anderweitig einzusetzen. Häufig ergibt sich auch in demselben Bereich oder Abteilung eine Position, die der Mitarbeiter besser ausfüllen kann.

Bitte verstehen Sie mich hier nicht falsch, auf keinen Fall möchte ich mit diesen Aussagen bewirken, dass Mitarbeiter gekündigt werden, weil Sie nicht auf ihre Positionen passen. Der Fokus liegt darauf, die bestehenden Mitarbeiter besser auf die vorhandenen Positionen im Unternehmen zu platzieren und dadurch einen Mitarbeiter zufriedenzustellen und den Unternehmenserfolg weiter voranzutreiben.

Gerne möchte ich Ihnen hier ein weiteres Beispiel geben:

Beispiel

Für den Bereich Disposition wird erwartet, dass die Selbstdisziplin eines Mitarbeiters sehr hoch ist. Sie sehen jedoch, dass es hier einen Mitarbeiter gibt, dessen Selbstdisziplin aufgrund eigener Einschätzung und die Einschätzung der direkten Führungskraft nicht sehr hoch ist. Hier können Sie nun wieder beratend tätig werden und die Führungskraft darauf hinweisen, dass dieser Mitarbeiter ggf. nur in diesem Punkt unterstützt werden muss. Man kann in solchen Fällen auch wieder mit dem Trainingskatalog arbeiten und den Mitarbeiter dahin führen, dass er sich diese nötige Selbstdisziplin aneignet. Bei der »Selbstdisziplin« ist es sicherlich möglich, sich durch begleitendes Coaching und Training weitestgehend diese Kompetenz anzueignen.

Wenn Sie sich einen unternehmensweiten Überblick über alle möglichen Kompetenzen der Mitarbeiter und Führungskräfte verschaffen, können Sie hier auch gewinnbringend für das Unternehmen Synergieeffekte nutzen. Kennen Sie die Situation, wenn ein neues Projekt gewonnen wird und es relativ bald mit der Umsetzung startet? In der IT-Branche ist dies häufig der Fall. Man gewinnt eine Ausschreibung bei einem Kunden und muss für die Umsetzung dieses Projekts seine »Manpower« dann entsprechend zusammentragen und die richtigen Mitarbeiter finden. Genau an diesem Punkt kommen die meisten Führungskräfte auf das Recruiting zu und teilen mit, dass neues Personal benötigt wird, um das Projekt bestmöglich umzusetzen. In der Regel ist es auch so, dass die bestehenden Mitarbeiter bereits in früheren bzw. vorhandenen Projekten arbeiten und hier auch nicht kurzfristig in das neue Projekt überführt werden können. Die Lösung soll hier sein, neue Mitarbeiter zu finden, diese dann mit einigen vorhandenen Mitarbeitern zu kombinieren und so die Umsetzung des Projekts für den Auftraggeber zu gewährleisten. Leider ist dieses Beispiel in der Praxis nicht immer so einfach umsetzbar. Meist hat man nicht ausreichend Zeit, um die geeigneten Bewerber zu finden und einzustellen, geschweige denn diese einzuarbeiten. Wenn Sie ein sauber ausgearbeitetes Kompetenzmodell haben und den Überblick über die vorhandenen Skills und Kompetenzen im Unternehmen, können Sie hier zusammen mit der jeweiligen Führungskraft dieses Wissen nutzen und so versuchen, diese passenden Mitarbeiter aus anderen Bereichen und Abteilungen einzusetzen. Es ist sicherlich nicht immer möglich, dass Mitarbeiter aus anderen Bereichen hier sofort einsatzbereit sind. Abhilfe kann Ihnen jedoch das Personalcontrolling verschaffen, welches ganz dicht mit dem Projektcontrolling verknüpft ist. Diese beiden Bereiche sollten in der Regel einen Überblick über die eingehenden und fortlaufenden Projekte im Unternehmen haben und so ggf. auch die verfügbaren Kapazitäten, also die Einsätze der Mitarbeiter und die Auslastung dahinter, kennen. In kleineren Unternehmen könnte es allerdings vorkommen, dass kein explizites Projekt- oder Personalcontrolling vorhanden ist. Ein Controlling ist jedoch mit Sicherheit vorhanden. Sprechen Sie hier mit dem Controller oder der Controlling-Abteilung und überlegen Sie eine mögliche Lösung für die Darstellung der Kapazitäten je Projekt und der Skills der eingesetzten Mitarbeiter. Kombinieren Sie die freien Kapazitäten der Mitarbeiter aus dem Personal- und Projektcontrolling mit den Skills und Kompetenzen der Mitarbeiter und Führungskräfte werden Sie dies gewinnbringend für das Unternehmen einsetzen können.

Darüber hinaus sorgen Sie hier auch dafür, dass sich ggf. Bereiche und Abteilungen außerhalb ihrer Grenzen austauschen. Die Mitarbeiter haben auch die Möglichkeit, in andere Bereiche und Abteilungen zu schnuppern, und erhalten die Chance, das Unternehmen aus einer anderen Perspektive zu erleben. Sicherlich stellt diese Art des Kompetenzeinsatzes auch große Herausforderungen dar, wenn z. B. Führungskräfte ihre Mitarbeiter nicht verleihen wollen oder die Angst besteht, dass diese abgeworben werden. Auch dies ist eine Frage der Unternehmenskultur. Diese Art der Bedenken können bestimmt mit einer guten Kommunikation und einem Coaching seitens der Personalabteilung beseitigt werden – vorausgesetzt, Ihr Unternehmen ist bereit für eine offenere Arbeitskultur und die Einräumung von mehr Arbeitsvielfalt.

Ich möchte Ihnen mit diesen Ansätzen einige Inspirationen geben, was Sie alles mit der Auswertung der Kompetenzen anstellen können. Auch hier sind der Fantasie keine Grenzen gesetzt. Es gibt bestimmt auch andere Einsatzmöglichkeiten der Kompetenzen und der Kompetenzauswertungen im Unternehmen. Wichtig ist, dass Sie diese wichtigen Elemente nutzen und immer wieder in Ihre tägliche Arbeit integrieren.

5.5.2 Das ewige Dilemma über den Einsatz richtiger Führungskräfte

Hand aufs Herz, wie oft haben Sie bei einer Führungskraft schon gedacht: Wie konnte diese Person auf diese Position gelangen?

Zugegeben habe ich auch oft diese Gedanken gehabt und habe viele Führungskräfte auf Positionen erlebt, die nicht dorthin gepasst haben. Die Gründe hierfür waren aus meiner Sicht ganz unterschiedlich. Während die eine Führungskraft keinerlei Führungskompetenz besaß, war die andere Führungskraft fachlich nicht ausgereift für die Position. Sicherlich gibt es auch Führungskräfte, die optimal auf die Position passen. Doch woran liegt es, dass Führungspositionen zum Teil nicht richtig besetzt werden? Die Gründe hierfür sind sehr unterschiedlich und teilweise auch sehr breit gestreut. Meine persönliche Erfahrung und Beobachtung über viele Jahre hinweg hat gezeigt, dass sich Manager auf den oberen Führungsebenen Führungskräfte aussuchen, die Sie »steuern« und »händeln« können. Das bedeutet, dass die ausgewählten Führungskräfte der nächst höheren Führungskraft nicht zu sehr in die Quere kommen und damit keine Gefahr darstellen können. Vermutlich haben wir dieses Phänomen auch von der Evolution geerbt. Der Stärkere versucht, seine Macht zu erhalten, indem er in seinem Rudel keinen zulässt, der ebenso stark ist. Traurig hierbei ist, dass die Personen mit wirklichen Kompetenzen meist nicht auf diesen Führungspositionen landen.

Ein anderer Grund, den ich auch bereits mehrfach beobachtet habe, hat mit der persönlichen Sympathie gegenüber einer Person zu tun. Findet man jemanden besonders sympathisch, ist es durchaus menschlich, diese Person auf eine Führungsposition zu befördern. Hierunter fallen auch Themen wie Ähnlichkeit (Similar-to-me-Effekt), wie bereits in Abschnitt 3.10 beschrieben.

Meiner Meinung nach wird man es vermutlich nie ganz verhindern können, dass Führungspositionen suboptimal besetzt werden. Mit den Erkenntnissen, die Sie aus diesem Buch gewonnen haben, können Sie jedoch in Ihrem Unternehmen dafür sorgen, dass man bei der Besetzung der Führungspositionen eine bessere Auswahl trifft.

Jede Führungsposition muss individuell definiert werden. Man sollte nicht alle Führungspositionen im Unternehmen über einen Kamm scheren. Eine Führungsposition beispielsweise in der Buchhaltung verlangt nach anderen Kriterien als die im Vertrieb. Während die Buchhaltung jemanden benötigt, der Struktur in die Abteilung bringt, braucht man im Vertrieb eine Person, die mit Herz und Blut am Verkauf interessiert ist und eine entsprechende Dynamik dafür mitbringt. Neben den Kompetenzen zählt hier – wie auch in allen anderen Positionen im Unternehmen – die Persönlichkeit mit dazu. Über die möglichen Kompetenzen habe ich Ihnen in diesem Buch ausreichend berichtet und versucht, Ihnen so transparent wie möglich einen Einblick zu verschaffen. Die Definition der Persönlichkeiten habe ich jedoch bewusst nicht in dieses Buch aufgenommen. Dieses Thema ist sehr umfangreich und bedarf einer besonderen Aufmerksamkeit. Es gibt unterschiedlichste Methoden, um Persönlichkeiten zu bestimmen und daraus ableitend ganze Teams bzw. Führungspositionen zu besetzen. Ich empfehle Ihnen, sich hier separat zu informieren und dieses Thema auch gerne mit in Ihr Kompetenzmodell einfließen zu lassen.

Setzen Sie ein besonderes Augenmerk auf die Definition der Rollen und Kompetenzen für die Führungskräfte in Ihrem Unternehmen. Hinterfragen Sie hierbei auch die Vorgaben, die Sie von der nächsthöheren Führungskraft erhalten. Ich bin mir sehr bewusst, dass dieses Thema sehr sensibel ist und mit ganz viel Fingerspitzengefühl angegangen werden muss. Ziel und Fokus sollten immer sein, dass das Unternehmen für den bestmöglichen Erfolg die richtigen Mitarbeiter, jedoch auch die richtigen Führungskräfte auf den richtigen Positionen besetzt.

5.5.3 Wenn sich Mitarbeiter nicht weiterentwickeln möchten. Der Spagat zwischen Kultur und Kündigung

In jedem Unternehmen gibt es sie: Mitarbeiter, die sich nicht weiterentwickeln möchten, absolut zufrieden sind mit dem was sie haben, ihren Job innerhalb der Regelarbeitszeit verrichten und darüber hinaus nicht bereit sind für das Unternehmen auch nur den kleinsten Gefallen zu tun. Meistens zählen diese Mitarbeiter auch zu denjenigen, die Veränderungen am meisten scheuen und diese sogar verhindern, in dem sie in ihren alten Prozessen weiterarbeiten. Die

Gestaltung eines neues Karrieremodells bringt auch für diese Mitarbeiter eine gewisse Veränderung mit und sorgt dafür, dass sie es ablehnen. Bitte versuchen Sie hier jedoch nicht das neue Karrieremodell um diese Mitarbeiter herum zu bauen. Diese Mitarbeiter werden und sollen auch ihren Platz im neuen Karrieremodell erhalten, indem sie richtig eingeordnet werden und ggf. auch einen passenderen Jobtitel und Rollenbeschreibung erhalten. Viel mehr geht es darum auch diese Mitarbeiter mit einer passenden Kommunikation abzuholen und ggf. etwas mehr Fingerspitzengefühl zu zeigen.

In diesem Abschnitt geht es mir jedoch nicht nur darum Sie auf genau diese Mitarbeiter aufmerksam zu machen, es geht mir vielmehr darum, dass man sich immer wieder als Arbeitgeber überlegen sollte welche Kultur man wirklich leben möchte und wie man Erfolg definiert. Oft habe ich mit meinen Arbeitgebern versucht die Kultur, die Werte und das Unternehmensleitbild zu definieren. Auch wenn es jedes Mal geklappt hat und wir es geschafft haben, gemeinsam eine Definition für Kultur, Unternehmenswerte und Unternehmensleitbild zu finden, war es dennoch nicht so einfach. Zudem merkt man in dieser Phase schnell, dass es nahezu unmöglich ist, jeden Mitarbeiter dazu abzuholen. Sind diese Definitionen endlich gefunden, geht es um das Integrieren und Leben dieser Visionen und Werte. Oft klappt es gut und man hat einen guten Kommunikationsplan und versucht mit Meetings und Workshops die Mitarbeiter dazu abzuholen. Hin und wieder kommt es jedoch auch vor, dass diese Werte und Visionen wieder aus dem Alltag stillschweigend verschwinden, da man keine Energie für die Aufrechthaltung einbringt. Warum macht man jedoch als Unternehmen diese Übung, was genau möchte man erreichen? Die Antwort dazu ist vermutlich jedem klar, man spricht sie nur sehr selten aus. Unterm Strich zählt der Erfolg und dieser wird in der freien Marktwirtschaft mit Kapital, also Geld, gezählt. Gemeinsame Werte und Visionen, die sogleich vom Arbeitgeber und Arbeitnehmer gelebt werden, sorgen also dafür, dass man an einem Strang zieht und die Vereinbarung eingeht, diesen Erfolg gemeinsam zu erreichen. Dadurch möchte man auch den Umsatz wachsen sehen. Die Gleichung hier ist ganz einfach: Gute Mitarbeiter = guter Umsatz. Interessanterweise erlebe ich es nicht oft, dass sich Geschäftsführer vor die gesammelten Arbeitnehmer stellen und genau dies aussprechen. Oftmals werden hierzu andere Floskeln benutzt oder man umschreibt genau diese Tatsache gekonnt und politisch korrekt. Was unternimmt man also, wenn sich Mitarbeiter nicht weiterentwickeln möchten, den neuen Gegebenheiten und Prozessen nicht anpassen und so eher einer blockierende statt fordernde Rolle im Unternehmen einnehmen? Wie geht man vor, wenn man feststellt, dass bei einzelnen Mitarbeiter die Kompetenzen nicht den Unternehmenszielen und -erwartungen entsprechen? Unter dem Abschnitt 2.2 sowie 4.4.1 habe ich Ihnen beschrieben, was ein Kompetenzmodell ist und wie man die Kompetenzen der einzelnen Mitarbeiter definieren und feststellen kann. Dieses Thema ist durchaus unangenehm, jedoch muss man sich damit auch auseinander setzen, wenn man ein erfolgreiches Karrieremodell implementieren möchte. Durch das neue Karrieremodell werden Sie nämlich sehr viel Transparenz in die gesamte Unternehmensorganisation bringen und sicherlich auch Mitarbeiter identifizieren, die womöglich nicht zu den Unternehmenszielen passen. Es ist definitiv eine Frage der Kultur, ich möchte Ihnen hier auch nicht unbedingt dazu raten, dass Sie diese identifizierten

Mitarbeiter kündigen. Es geht mir hier viel mehr darum, Sie darauf aufmerksam zu machen, dass Sie mit großer Wahrscheinlichkeit genau auf dieses Thema früher oder später treffen werden und dann einen geeigneten Plan parat haben, den Sie mit dem Management am besten abgesprochen haben. Dieser könnte sein, dass man genau diese Mitarbeiter durch spezielle Trainings voran bringt und ihnen eine Stütze gibt. Es könnte aber auch durchaus vorkommen, dass man sich von genau diesen Mitarbeitern trennt.

Und genau aus diesem Grund möchte ich hier auf ein Tabuthema zu sprechen kommen: Kündigungen von Mitarbeitern, die nicht die gewünschte Performance zeigen. Bitte verstehen Sie mich nicht falsch. Ich bin absolut nicht der Mensch, der für jede Kündigung im Unternehmen ist. Jedoch bin ich jemand, der offen darüber spricht und nicht verstehen kann, weshalb das Thema Kündigung heutzutage so ein Tabuthema ist. Weshalb sind also Kündigungen so verpönt? Weshalb duldet man Mitarbeiter anstelle das offene Gespräch mit ihnen zu suchen? Weshalb lässt man zu, dass genau diese Mitarbeiter auch motivierte Mitarbeiter im Unternehmen demotivieren und in ihren Sog ziehen? Ich bin mir sicher, dass Sie mindestens einmal genau diese Situation in Ihrem Berufsleben bereits erlebt haben. Sicherlich gibt es Kollegen, bei denen Sie absolut nicht verstehen, weshalb diese überhaupt geduldet werden. Sehr lange habe ich darüber nachgedacht und auch meinerseits recherchiert. Die Gründe sind einfach zu erläutern: 1. Die Arbeitgeber haben Angst, dass die interne Stimmung kippt und negative Äußerungen auf den Social Media Kanälen sich häufen. 2. Das Deutsche Arbeitsrecht ist sicherlich ein Thema, weshalb viele Arbeitgeber zunächst vor Kündigungen zurückschrecken. Diese beiden Hauptgründe lassen sich jedoch mit einer offenen Kommunikation im Unternehmen sowie einer professionell aufgestellten Personalabteilung sehr gut beheben.

Definitiv gehört die Kündigung eines Arbeitnehmers seitens des Arbeitgebers zu den negativen Aspekten im Berufsleben. Jedoch ist die Kündigung ein Teil des Arbeitslebens und sollte nicht als ein Tabuthema betrachtet werden. Kein Mitarbeiter wird ohne Grund gekündigt. In den meisten Fällen finden viele Aktivitäten und Gespräche mit dem betroffenen Mitarbeiter statt. Man erwägt sehr genau, ob man sich von einem Mitarbeiter trennt oder nicht. Wenn ein Arbeitnehmer gekündigt wird, ist dies immer eine sehr emotionale Situation, sowohl für die Person, die den Arbeitgeber vertritt und die Kündigung übermittelt, als auch für den Arbeitnehmer, der die Kündigung erhält. Es ist verständlich und menschlich, dass auch die direkten Arbeitskollegen des gekündigten Mitarbeiters mit solch einer Information überrumpelt werden. Auch ist es verständlich, dass diese Kündigung eine gewisse Angst im Unternehmen auslösen kann.

Im privaten Umfeld passiert es oft, dass sich Paare trennen. Wenn man merkt, dass es untereinander nicht mehr funktioniert, versucht man in der Regel einen Weg zu finden aus dieser Beziehung herauszufinden. Und so kann man es auch im Berufsleben betrachten. Es nützt niemanden, in einem Unternehmen Mitarbeiter zu dulden oder mitzuziehen. Besser ist es, das Gespräch zu suchen und eine gute Grundlage für die Trennung zu schaffen. Viele Mitarbeiter sind genau nach diesen Gesprächen erleichtert und dankbar.

Bitte machen Sie sich Ihre Gedanken dazu und berücksichtigen Sie diesen Punkt unbedingt bei der Gestaltung und Implementierung Ihres Karrieremodells. Es muss nicht immer zu einer Kündigung führen. Meine Gedanken sollen Sie dazu bewegen etwas über den Tellerrand hinauszublicken und ggf. dieses Thema von einer anderen Perspektive zu betrachten.

5.6 Auswertungen und KPIs erweitern

»Irgendwelche Auswertungen und Kennzahlen sind überflüssig in der Personalarbeit«. Diesen Satz habe ich tatsächlich von einem Personalleiter gehört und musste zu diesem Zeitpunkt sehr schmunzeln.

Die Welt wird immer komplexer, wir arbeiten weiter zunehmend mit mehr Daten als je zuvor. Hinzu kommen Themen wie die Digitalisierung und der Spagat zwischen dem Arbeitnehmer- und dem Kandidatenmarkt. Beide Seiten sollten von einem Unternehmen bestmöglich bedient und versorgt werden, um zum einem die Mitarbeiter im Unternehmen zu behalten und einer hohen Fluktuation vorzubeugen und auf der anderen Seite jedoch stetig zu wachsen.

Vor allem in den Bereichen, in denen man mit Menschen, also dem Humankapital, zu tun hat, ist es zwingend erforderlich, den Überblick zu behalten und die Strategien entsprechend seiner Zielgruppen auszurichten.

Was genau ist jedoch mit KPIs gemeint? Sie haben vermutlich schon meinen Erklär- und Schreibstil durchschaut. Ich lege großen Wert darauf, alles so gut wie möglich zu definieren, und versuche, Ihnen meine Gedanken und Erfahrungen auf einer Linie näher zu bringen. Aus diesem Grund möchte ich Ihnen auch den Begriff »KPI« definieren, um eine gemeinsame Ausgangslage zu schaffen:

Definition KPIs

KPI stammt aus dem Englischen und bedeutet: *Key Performance Indicators*. In der Betriebswirtschaftslehre wird dies allgemein als Kennzahlen bezeichnet, die sich auf den Erfolg, die Leistung oder Auslastung des Betriebs, seiner einzelnen organisatorischen Einheiten oder einer Maschine beziehen. Aufgrund ihres Leistungsbezugs dienen sie dem Management und dem Controlling dazu, Unternehmensprozesse, einzelne Projekte oder Abteilungen zu kontrollieren und entsprechend zu bewerten. Je nach eingenommener Perspektive (beispielsweise internes Rechnungswesen, Kunden oder Management) werden als KPI verschiedene Größen herangezogen.

Heutzutage werden KPIs auch in der Personalabteilung eingesetzt und geben Auskunft über die verschiedensten Themen. So können KPIs beispielsweise auf folgende Fragen Antworten liefern:

- Wie viele Bewerbungen haben wir über einen gewissen Zeitraum erhalten?
- Welche Stellen bekommen die wenigsten Bewerber?

- Wie schnell können wir die Stellen besetzen?
- Was sind die häufigsten Kündigungsgründe?
- Aus welchem Bereich oder Abteilung stammen die meisten Kündigungen?
- Wie sehen die Ausfallzeiten der Mitarbeiter im Unternehmen aus?
- Wie viele festangestellte Mitarbeiter arbeiten im Unternehmen? Wie viele davon in Teilzeit?
- Wie viele Studenten sind im Unternehmen beschäftigt?
- Welche Gehälter werden im Unternehmen bezahlt?

Durch die Implementierung des Karrieremodells und dessen Elemente sind Sie nun in der Lage, auf diese oberen Fragen noch detailliertere Auswertungen zu liefern. So können Sie nun beispielsweise folgende KPIs zusätzlich erstellen:

- Haben wir aufgrund von Marketingaktivitäten zum neuen Karrieremodell mehr Bewerbungen erhalten?
- Welche Zielgruppe muss rekrutiert werden? (Berufseinsteiger, Spezialisten etc.)
- Haben sich die wesentlichen Kündigungsgründe verändert?
- Ist die Mitarbeiterunzufriedenheit bezüglich Weiterentwicklungsmöglichkeiten zurückgegangen?
- Wie sieht die Teamstruktur in Bezug auf Karrierepfade, Karrierelevels und Kompetenzen je Bereich bzw. Abteilung aus?
- Passen die ausgearbeiteten Gehaltsbandbreiten zu den Gehältern der Mitarbeiter? Welche Abweichungen sind hier vorhanden?
- Welche Trainings- und Weiterbildungsangebote werden von den Mitarbeitern und Führungskräften primär genutzt?
- Wie haben sich die Gedanken zum Thema Karrieremodell bei den Mitarbeitern und Führungskräften verändert?

Nutzen Sie die Möglichkeiten, die Sie nun mit dem neuen Karrieremodell haben, und werten die gewünschten Kennzahlen für das Unternehmen aus, um weitere Strategien bzw. Ziele bestmöglich ableiten zu können.

5.7 Mitarbeiterbefragung durchführen

Immer wieder haben Sie in diesem Buch von Befragungen gelesen und sicherlich festgestellt, dass ich viel davon halte. Sie werden nur durch richtig durchgeführte Mitarbeiterbefragungen einen guten Einblick in das Unternehmen erhalten können. Dabei spielt die Anonymität dieser Befragungen eine wesentliche Rolle. Die Mitarbeiter sollen sich wohlfühlen bei der Befragung und auch die Gelegenheit erhalten, ihre Meinung frei zu äußern. Es ist durchaus empfehlenswert, diese Art der Mitarbeiterbefragungen von einem externen Anbieter durchführen zu lassen. Das ist sowohl für das Unternehmen als auch für die Personalabteilung die Methode mit dem geringsten Aufwand. Diese Anbieter sind spezialisiert auf die Befragung von Mitarbeitern und erarbeiten mit Ihnen einen geeigneten Fragenkatalog, welcher den Wünschen des Unternehmens angepasst wird. Sie können auch eigene spezifische Fragen in die Befragung aufnehmen lassen.

Auch wenn dies eine Frage des Budgets ist, empfehle ich Ihnen, vor der Implementation des Karrieremodells eine Mitarbeiterbefragung durchführen zu lassen und dies nach der Implementation zu wiederholen. Hier werden Sie den besten Vergleich haben und auch merken, wo es ggf. noch Optimierungspotenzial gibt. Ich empfehle Ihnen, die Befragung nach der Implementation des Karrieremodells erst nach ausreichender Zeit (drei bis sechs Monate später) durchzuführen und somit den Mitarbeitern und Führungskräften die Chance zu geben, sich an das neue Karrieremodell zu gewöhnen.

Sie können auch, wie bereits in Kapitel 3 beschrieben, eine kleinere Umfrage mit einigen Mitarbeitern und Führungskräften durchführen. Diesen Punkt möchte ich Ihnen gerne nochmals ins Gedächtnis holen. Bevor ich mit der Entwicklung des Karrieremodells begonnen habe, führte ich eine kleine Mitarbeiterbefragung auf meine Art und Weise mit einigen Mitarbeitern und Führungskräften durch. Die Befragung habe ich anonym mit dem Tool menti.com gestaltet. Den Mitarbeitern und Führungskräften habe ich diese zwei Fragen gestellt:

- Welche Rolle spielt ein Karrieremodell für mich persönlich?
- Was empfinde ich, wenn ich an das jetzige Karrieremodell denke? Aus diesem Grund empfinde ich so.

Die verschiedenen Antworten auf diese zwei Fragen hatten zu diesem Zeitpunkt mein Bauchgefühl gestärkt, weshalb ich damit angefangen habe, das Karrieremodell neu aufzusetzen und alle möglichen Elemente damit zu verbinden. Sehr gerne können Sie diese beiden Fragen nutzen, um auch eine Befragung durchzuführen. Bitte führen Sie die Befragung mit der gleichen Gruppe auch nach der Implementierung des Karrieremodells durch und vergleichen die Antworten mit denen davor.

Ob Sie sich nun für eine kleine Befragung auf eigene Faust oder für eine größere Mitarbeiterumfrage mit einem externen Anbieter entscheiden, liegt bei Ihnen. Bitte führen Sie jedoch eine Art dieser Befragung durch, um an Anhaltspunkte zu gelangen und auf eine Art und Weise auch in die Gedanken der Mitarbeiter und Führungskräfte zu blicken. Überzeugen Sie Ihr Management auch davon, indem Sie hier die nötigen Argumente anbringen. Es wird Ihnen definitiv nicht schaden, das verspreche ich Ihnen.

5.8 Am Ball bleiben: Alle Elemente sind immer miteinander verknüpft

Auch wenn Sie diesen Satz schon sehr oft in diesem Buch gelesen haben, möchte ich diesen hier erneut mit anderen Worten wiederholen: Bleiben Sie am Ball und sorgen Sie dafür, dass das Karrieremodell mit allen Elementen immer miteinander verknüpft bleibt.

In Kapitel 3 hatte ich Ihnen den Zusammenhang des Karrieremodells und der einzelnen Elemente »Jobtitel«, »Rollenbeschreibung«, »Kompetenzmodell« und »Trainingskatalog« im Detail erläutert und Abbildung 34 dafür verwendet.

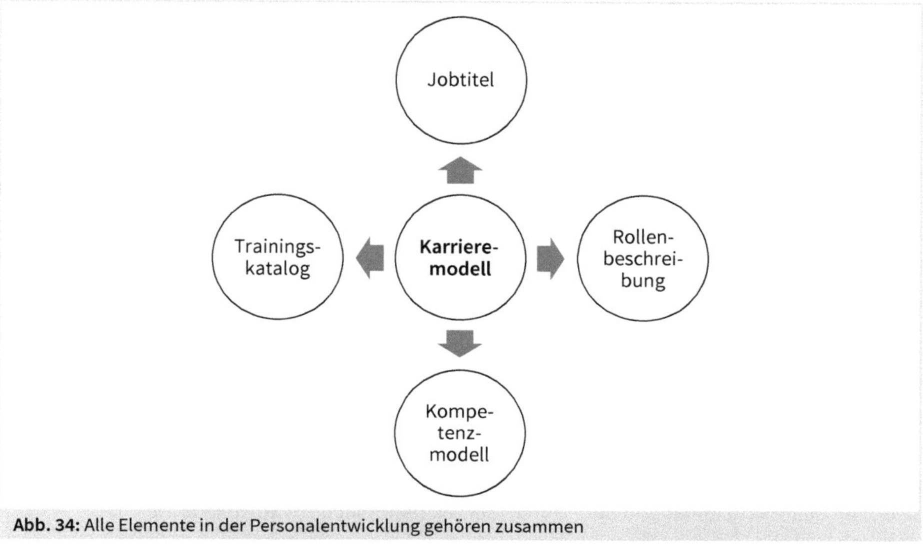

Abb. 34: Alle Elemente in der Personalentwicklung gehören zusammen

Denken Sie immer wieder an dieses Bild und versuchen Sie möglichst, stets alle Elemente dieses Modells zusammenzuhalten. Stellen Sie sich das wie eine Hand mit fünf Fingern vor. Die Finger gehören zu der Hand und können nicht voneinander getrennt werden.

Im Alltag kann es vorkommen, dass man schnell Anpassungen vornimmt und dabei vergisst, diese in das große Modell zu integrieren. So wäre es denkbar, dass beispielsweise ein neuer Arbeitsvertrag erstellt werden soll und man in dieser Minute merkt, dass der gewünschte Jobtitel nicht im Karrieremodell enthalten ist. Dies kann bei spezifischen Positionen durchaus vorkommen. Dann sollte man nicht einfach »mal eben« einen neuen Jobtitel in den Arbeitsvertrag aufnehmen. Um kein großes Chaos zu stiften, gibt es zwei mögliche Wege, um diesen Fall möglichst sauber zu bearbeiten:

1. In einigen Situationen kann man ggf. einen ähnlichen Jobtitel aus dem Karrieremodell wählen, der am ehesten zu dem real vorgesehenen Jobtitel passt. Anschließend nehmen Sie den neuen Jobtitel im Karrieremodell auf und unterrichten den neuen Mitarbeiter darüber, dass sein Jobtitel angepasst worden ist. Hier spielt die Kommunikation zwischen Personalabteilung, Führungskraft und Bewerber eine große Rolle.
2. Alternativ nehmen Sie den neuen Jobtitel im Arbeitsvertrag auf, stoßen aber die entsprechende Aufnahme im Karrieremodell und bei den Jobtiteln an. Wichtig ist hierbei, dass der neue Jobtitel in den richtigen Karrierepfad und ggf. auch Unterpfad eingeordnet wird. In einigen Pfaden kann es dann vorkommen, dass beispielsweise nur die Karrierelevel 1 bis

3 bisher bestehen. Sie merken mit dem neuen Jobtitel, dass auch Karrierelevel 4 benötigt wird. In diesem Fall erweitern Sie den entsprechenden Karrierepfad um einen weiteren Level und denken dabei daran, den Titel richtig anzupassen. Hier war ein Level 4 bei der Erstellung des Karrieremodells nicht angedacht, die Zeit hat jedoch gezeigt, dass es durchaus Sinn macht. Die Aufnahme eines neuen Jobtitels im Karrieremodell kann aber auch bedeuten, dass ein neuer Karrierepfad erschafft werden muss. Ein neuer Karrierepfad führt wiederum dazu, dass es nicht nur ein Level mit dem Jobtitel gibt, sondern – je nach Ausprägung – zwischen zwei und sechs mögliche neue Jobtitel. Vergessen Sie hierbei nicht, die Rollenbeschreibungen entsprechend anzulegen und auch die Gehaltsbandbreiten zu definieren. Zu guter Letzt ergänzen Sie den neuen Jobtitel bzw. die neuen Jobtitel neben den Rollenbeschreibungen auch mit dem Kompetenzmodell.

Das alles hört sich nach sehr viel Aufwand an, um einen neuen Jobtitel im Unternehmen zu integrieren. Sie werden aber sehen, dass der Aufwand sich in Maßen halten wird, da die Handgriffe für die Integration neuer Jobtitel und Co. bereits eingespielt sind und klar ist, wie man diese bestmöglich erstellt. Denken Sie auch immer daran, dass die Alternative dazu ist, dass Unordnung eingekehrt und die ganzen Bemühungen irgendwann zunichte gemacht werden.

Bleiben Sie also am Ball und sorgen dafür, dass dieses tolle Projekt für eine sehr lange Zeit so bestehen bleibt und Ihnen und dem Unternehmen hauptsächlich Vorteile bringt.

6 Schlusswort

Die Personalabteilung gewinnt in den Unternehmen immer mehr an Bedeutung. Dieser Bereich rückt weiter in den Mittelpunkt des Betriebes und stellt somit das Herzstück des Unternehmens dar. Viele Geschäftsführer und Manager haben bereits verstanden, dass eine gute Personalarbeit essenziell für den Unternehmenserfolg ist.

Die Gestaltung der Personalabteilung und deren einzelnen Themen werden immer wieder diskutiert. So wie jedes Unternehmen seine eigene Kultur hat, besitzt auch jedes Unternehmen seine eigene Personalabteilung. Die Anpassung der Personalarbeit an die Kultur des Unternehmens finde ich prinzipiell gut. Es macht aber immer wieder Sinn, auch einen Blick über den ›Tellerrand‹ zu wagen, um zu sehen, was sich alles in der Welt der Personalabteilungen tut und entwickelt. Sie kennen das Unternehmen am besten und können sicherlich abwägen, welche Neuerung dem Unternehmen und den Mitarbeitern einen Mehrwert bringen würde.

Mit dem Verfassen dieses Buches ist mir ein Herzenswunsch in Erfüllung gegangen. Ich habe immer nach passender Literatur gesucht, um einzelne Bereiche in der Personalarbeit zu optimieren und ggf. auch neu zu gestalten. Vor allem in der Personalentwicklung habe ich immer ein Handbuch vermisst, welches mir wertvolle Ideen und Hintergründe zeigen kann, um daraus mein eigenes Konzept für das Unternehmen zu erstellen. Leider fand ich diese Art der Literatur nicht in ausreichender Form. Die meiste Literatur empfand ich als zu theoretisch und habe es mir daher zur Aufgabe gemacht, Sie als Leser nicht mehr nur theoretisch über das Karrieremodell aufzuklären, sondern Sie auch an die Hand zu nehmen, um das Gelesene in die Praxis umsetzen zu können. Daher hoffe ich, dass ich Ihnen hiermit einen guten Einblick in die Welt der Personalentwicklung und vor allem in die Gestaltung eines Karrieremodells geben konnte. Die Personalentwicklung beschränkt sich nicht nur auf das Karrieremodell und ist vor allem in der modernen Personalarbeit viel breiter aufgestellt. Das Karrieremodell liegt mir aber besonders am Herzen, weshalb ich mich intensiv mit diesem Thema auseinander gesetzt habe. Sicherlich gibt es auch andere Methoden und Techniken, um eine gut funktionierende Personalentwicklung zu gestalten. Mein Streben war es in diesem Buch, Ihnen so viel Input aus der Praxis zu geben und Hintergründe zu erläutern wie nur möglich. Ich hoffe sehr, dass ich dies geschafft habe und Sie bei der Umsetzung Ihrer eigenen Ideen immer wieder an mich denken. Hin und wieder habe ich meine persönliche Meinung zu bestimmten Themen einfließen lassen und wollte Sie dadurch auch etwas in meine Gedankenwelt mitnehmen. Vielleicht helfen Ihnen diese Gedankengänge bei Ihrem nächsten Projekt weiter.

Blättern Sie immer wieder in diesem Buch, schauen Sie hinein oder schlagen Themen nach, um sich Anregungen zu holen.

Sollten Sie Fragezeichen in Ihrem Kopf haben, können Sie mich sehr gerne kontaktieren, damit wir beide diese Fragezeichen beseitigen können. Ich freue mich selbstverständlich auch über allgemeines Feedback, Anregungen und gerne auch Kritik. Gefällt Ihnen dieses Buch? Dann freue ich mich auf entsprechende Weiterempfehlung an Kollegen, Bekannte und Gleichgesinnte. Loben darf man mich selbstverständlich auch. Sie erreichen mich über meine E-Mail-Adresse: elif.tunc@web.de oder gerne auch via XING und LinkedIn.

Bleiben Sie gesund!

Quellenverzeichnis

EBZ (2018): Modell zur Entwicklung alternativer Karrierepfade. https://www.e-b-z.de/fachbereiche/ebz-akademie/ebz-akademie-blog/artikel/2018-03-13-digitale-transformation-arbeitswelt-40-und-innovationsmanagement-personalentwicklung-in-der-wohnungswirtschaft-ein-bedingungs loser-dreiklang.html. Zugegriffen: 24.04.2022.

Karrieremodell der MicroNova AG, Vierkirchen. https://www.micronova.de/unternehmen/karriere.html. Zugegriffen: 11.05.2022.

Key Performance Indicator (KPI). Ausführliche Definition im Online-Lexikon. https://wirtschaftslexikon.gabler.de/definition/key-performance-indicator-kpi-52670. Zugegriffen: 24.04.2022.

Skilltree aus dem Modul Skillmanagement/Kompetenzmanagement von rexx systems. https://www.rexx-systems.com/skillmanagement/. Zugegriffen: 11.05.2022.

Stepstone Online-Eye-Tracking Studie – Wahrnehmung einzelner Elemente, Aufmerksamkeitsleistung einzelner Elemente. https://docplayer.org/13931534-Online-eye-tracking-studie-worauf-bewerber-beim-lesen-von-stellenanzeigen-wirklich-achten.html. Zugegriffen: 11.05.2022.

Weiterführende Literatur

Becker, Manfred (2005): Personalentwicklung. Bildung, Förderung und Organisationsentwicklung in Theorie und Praxis. 4. akt. u. überarb. Aufl., Stuttgart.

Becker, Manfred (2011): Systematische Personalentwicklung. 2. überarb. u. erw. Aufl., Stuttgart.

Bierhoff, Hans-Werner/Frey, Dieter (2016): Selbst und soziale Kognition. 1. Auflage, Göttingen. Reihe: Enzyklopädie der Psychologie, Band C/VI/1, Teil 2: Selbst und soziale Kognition, S. 168-570.

Drumm, Hans Jürgen (2008): Personalwirtschaft. 6. Aufl., Berlin u. a.

Erpenbeck, John/von Rosenstiel, Lutz/Grote, Sven (Hrsg.) (2013): Kompetenzmodell von Unternehmen – Mit praktischen Hinweisen für ein erfolgreiches Management von Kompetenzen. Stuttgart.

Geyer, René (2005): Die Stellenbeschreibung . Vielseitiges Instrument für die Personalabteilung. Hamburg.

Gunert, Klaus G. (1990): Kognitive Strukturen in der Konsumforschung – Entwicklung und Erprobung eines Verfahrens zur offenen Erhebung assoziativer Netzwerke. Heidelberg.

Schlotter, Lorenz/Hubert, Philipp (2020): Suchen, finden, einstellen. Wiesbaden

Staudinger, Ursula (2008): Strategische Personalentwicklung und demographischer Wandel. In: . Schwuchow, Karlheinz/Gutmann, Joachim (Hrsg.): Jahrbuch Personalentwicklung 2008, Köln, S. 295–304.

Ulmer, Gerd (2012): Stellenbeschreibungen als Führungsinstrument (Stellenanforderungen, Teambeschreibung, Mitarbeiterbeurteilung, Personalentwicklung, Fallbeispiele). München.

Wolf, Stefan G. (2013): Lassen Sie den Jobtitel für sich sprechen, Denken Sie nicht, da draußen wartet jemand auf Ihre Stellenanzeige. Wiesbaden.

Sachwortverzeichnis